优质饲用牧草栽培与利用

王凤梧　主编

中国农业大学出版社
·北京·

内容简介

本书共分为29章，主要介绍了适合内蒙古地区种植的29个优质饲用牧草品种，包括各种牧草的起源与分布、主要价值与利用、植物学特性、生物学特性和主要栽培技术等方面的内容。同时，对各种牧草种植的关键技术做了详细的介绍，包括播种前准备、播种、田间管理、收获和病虫害防治等关键技术。

本书便于广大农牧户、种养合作社和相关企业借鉴参考，了解牧草种植的基本知识，解决牧草生产中存在的问题，也能对科学种植牧草、发展草食型畜禽养殖、增加收入起到积极的促进作用。

图书在版编目(CIP)数据

优质饲用牧草栽培与利用/王凤梧主编. --北京：中国农业大学出版社，2022.12
ISBN 978-7-5655-2939-9

Ⅰ. ①优…　Ⅱ. ①王…　Ⅲ. ①牧草-栽培技术②牧草-综合利用　Ⅳ. ①S54

中国国家版本馆CIP数据核字(2023)第018161号

书　名　优质饲用牧草栽培与利用
作　者　王凤梧　主编

策划编辑　张　玉　　**责任编辑**　张　玉　邢永丽
封面设计　郑　川
出版发行　中国农业大学出版社
社　址　北京市海淀区圆明园西路2号　　**邮政编码**　100193
电　话　发行部 010-62733489,1190　　读者服务部 010-62732336
编辑部 010-62732617,2618　　出　版　部 010-62733440
网　址　http://www.caupress.cn　　**E-mail** cbsszs@cau.edu.cn
经　销　新华书店
印　刷　北京鑫丰华彩印有限公司
版　次　2023年3月第1版　2023年3月第1次印刷
规　格　170 mm×228 mm　16开本　9.75印张　180千字
定　价　28.00元

本书编委会

主　编　王凤梧

副主编　叶　录　孙　影　王千军　徐振朋　郑成忠
梅　雪　张子臻

参　编　（以姓氏笔画排序）
王小明　王学芬　王锦华　邓海霞　石　军
石　丽　付国瑞　戎素平　朱庆福　朱树萍
刘丽华　刘秀莲　孙娟娟　杜　忠　李　婷
李丽云　李利平　杨瑞霞　吴咏梅　吴凯龙
张利军　张晓儒　武　昭　赵玉平　赵培军
郝玉莲　高　利　高　峰　高　卿　高顺平
黄文娟　康艳军　梁宝珏　廉培勇　薛　凯
戴桂香

序

内蒙古自然资源丰富，有“东林西矿、南农北牧”之称，草原、森林和人均耕地面积居全中国第一，是中国最大的草原牧区。乌兰察布市地处内蒙古自治区中部，以农牧业为主，辖 11 个区市旗县，总面积 5.45 万平方千米，常住人口 170 万，耕地面积 1 495.58 万亩，农作物播种面积每年稳定在 1 000 万亩以上，天然牧草地 4 957.56 万亩，属中温带大陆性季风气候区，发展农牧业具有得天独厚的优势。

乌兰察布市“十四五”规划以来，“麦菜薯、牛羊乳”六大农牧业主导产业加快发展，设施养殖规模逐年增加，草食家畜舍饲存栏稳定达 350 多万头，全年共需干草 290 多万吨。目前，全市人工种草、农作物秸秆和天然打储草草场总面积约 700 万亩，全年产干草约 170 万吨，其中人工草地面积 75 万亩，生产干草 54 万吨；天然打储草草场 300 万亩，打储鲜草 36 万吨（折算干草 12 万吨）；农作物（秸秆）面积 330 万亩，生产可利用秸秆 104 万吨。人工种草的品种主要有燕麦草、苜蓿等；农作物可利用秸秆主要有裸燕麦秸秆、籽玉米秸秆、谷物类秸秆；天然草场饲草品种主要有披碱草、冰草、各种蒿草等。而乌兰察布市的饲草业产业发展相对滞后，加之农作物秸秆品质差，饲喂效果不佳，优质饲草供需缺口越来越大。近几年，随着农业结构调整的不断深入，越来越多的种植户开始认识到种植牧草，发展草食型、节粮型畜牧业是广大农区新的经济增长点，种植牧草已成为种植业结构调整的新亮点，尤其是燕麦草产业发展尤为突出。饲草燕麦是畜牧养殖重要的饲草料作物，具有产量高、投入少、见效快、抗病虫害、营养价值高等优点，青饲或调制干草都适宜，需求量逐年增加，适合大面积推广，有极大的发展潜力。

长期以来，由于广大农区在种植上集中考虑的是粮食和经济作物的生产，而对种植牧草所带来的经济效益和具有的广阔发展前景不了解。许多技术人员和种植户由于缺乏牧草优良品种及栽培利用技术方面的专业知识，在农业结构调整的实践中存在着很大的盲目性，不仅不能通过科学的种草养殖获取良好的经济效益，甚至还造成了不应有的损失。所以推广普及优质饲草种植知识已成为当前亟待解决的问题。为此，编者以优质饲用牧草栽培技术及利用为重点，有针对性地编写了此书，共编入适合内蒙古地区种植的29个优质饲草品种，期望通过本书能使广大农户、种植企业等相关人员了解一些牧草种植的基本知识，解决牧草生产中存在的问题，对科学种植牧草、发展草食型畜禽养殖、增加收入起到积极的促进作用。

借此机会，谨向付出辛苦劳动的全体编写人员致以崇高的敬意，向为此书提供资料的各界人士表示衷心的感谢。

乌兰察布市农林科学研究所所长 尹玉和

2022年12月

前　言

近年来，随着农村产业结构调整和现代畜牧业的快速发展，种草养畜已经成为农村牧区适度规模养殖的重要内容之一，加之人们饮食结构的改变，对奶、蛋、肉食品需求的增加，现代畜牧业的健康发展，种优质饲草、养优质畜禽已成为广大养殖户和养殖企业的共识。特别是内蒙古地区，气候冷凉，昼夜温差大，四季分明，雨热同期，降水集中，光照充足，尤其适合种植以燕麦草为主的优质饲草。现如今，如何选择适合乌兰察布地区种植的优质饲草品种，以及如何种植高产优质的饲草已经成为广大农牧户和种植企业面临的亟待解决的问题。为此，我们结合近几年乌兰察布市种植饲草的情况，在认真总结经验的基础上，择优汰劣，编写此书，向大家推荐 29 种适于内蒙古地区种植的优质饲草品种，书中详细介绍了牧草的特征特性、栽培技术、主要价值与利用等方面的内容，便于广大农牧户、种养合作社和相关企业借鉴参考，了解种植技术、提高种植水平。

由于编者水平所限，加之时间仓促，资料收集整理不充分，书中错漏之处在所难免，敬请广大读者和同仁们批评指正。

编　者

2022 年 12 月

目　录

第一章　燕麦……1
第一节　概述……1
第二节　燕麦的特征特性……3
第三节　燕麦的主要栽培技术……4
第四节　燕麦的病虫害防治……7
第五节　主推国产燕麦草品种介绍……9
参考文献……13
第二章　老芒麦……14
第一节　概述……14
第二节　老芒麦的特征特性……15
第三节　老芒麦的主要栽培技术……16
参考文献……17
第三章　新麦草……18
第一节　概述……18
第二节　新麦草的特征特性……19
第三节　新麦草的主要栽培技术……20
参考文献……21
第四章　黑麦草……22
第一节　概述……22
第二节　黑麦草的特征特性……23
第三节　黑麦草的主要栽培技术……24
参考文献……26

第五章　无芒雀麦 …… 27
第一节　概述 …… 27
第二节　无芒雀麦的特征特性 …… 28
第三节　无芒雀麦的主要栽培技术 …… 29
参考文献 …… 30
第六章　披碱草 …… 31
第一节　概述 …… 31
第二节　披碱草的特征特性 …… 32
第三节　披碱草的主要栽培技术 …… 33
参考文献 …… 34
第七章　冰草 …… 35
第一节　概述 …… 35
第二节　冰草的特征特性 …… 36
第三节　冰草的主要栽培技术 …… 37
参考文献 …… 39
第八章　羊草 …… 40
第一节　概述 …… 40
第二节　羊草的特征特性 …… 41
第三节　羊草的主要栽培技术 …… 42
参考文献 …… 44
第九章　早熟禾 …… 45
第一节　概述 …… 45
第二节　早熟禾的特征特性 …… 46
第三节　早熟禾的主要栽培技术 …… 47
参考文献 …… 49
第十章　赖草 …… 50
第一节　概述 …… 50
第二节　赖草的特征特性 …… 51
第三节　赖草的主要栽培技术 …… 52
参考文献 …… 53
第十一章　苏丹草 …… 54
第一节　概述 …… 54
第二节　苏丹草的特征特性 …… 55

第三节　苏丹草的主要栽培技术 …… 56
参考文献 …… 58
第十二章　芨芨草 …… 59
第一节　概述 …… 59
第二节　芨芨草的特征特性 …… 60
第三节　芨芨草的主要栽培技术 …… 61
参考文献 …… 62
第十三章　紫花苜蓿 …… 63
第一节　概述 …… 63
第二节　紫花苜蓿的特征特性 …… 64
第三节　紫花苜蓿的主要栽培技术 …… 66
第四节　紫花苜蓿的病虫害防治 …… 67
参考文献 …… 70
第十四章　黄花苜蓿 …… 71
第一节　概述 …… 71
第二节　黄花苜蓿的特征特性 …… 71
第三节　黄花苜蓿的主要栽培技术 …… 72
第四节　黄花苜蓿的病虫害防治 …… 73
参考文献 …… 74
第十五章　箭筈豌豆 …… 75
第一节　概述 …… 75
第二节　箭筈豌豆的特征特性 …… 76
第三节　箭筈豌豆的主要栽培技术 …… 77
参考文献 …… 78
第十六章　草木樨 …… 79
第一节　概述 …… 79
第二节　草木樨的特征特性 …… 80
第三节　草木樨的主要栽培技术 …… 81
参考文献 …… 83
第十七章　沙打旺 …… 84
第一节　概述 …… 84
第二节　沙打旺的特征特性 …… 85
第三节　沙打旺的主要栽培技术 …… 86

参考文献 …… 88
第十八章 柠条锦鸡儿 …… 89
第一节 概述 …… 89
第二节 柠条锦鸡儿的特征特性 …… 90
第三节 柠条锦鸡儿的主要栽培技术 …… 91
参考文献 …… 93
第十九章 羊柴 …… 94
第一节 概述 …… 94
第二节 羊柴的特征特性 …… 95
第三节 羊柴的主要栽培技术 …… 96
参考文献 …… 96
第二十章 三叶草 …… 97
第一节 概述 …… 97
第二节 三叶草的特征特性 …… 98
第三节 三叶草的主要栽培技术 …… 99
参考文献 …… 101
第二十一章 细枝岩黄耆 …… 102
第一节 概述 …… 102
第二节 细枝岩黄耆的特征特性 …… 103
第三节 细枝岩黄耆的主要栽培技术 …… 104
参考文献 …… 106
第二十二章 扁蓄豆 …… 107
第一节 概述 …… 107
第二节 扁蓄豆的特征特性 …… 107
第三节 扁蓄豆的主要栽培技术 …… 108
参考文献 …… 111
第二十三章 红豆草 …… 112
第一节 概述 …… 112
第二节 红豆草的特征特性 …… 113
第三节 红豆草的主要栽培技术 …… 114
参考文献 …… 116
第二十四章 驼绒藜 …… 117
第一节 概述 …… 117

第二节 驼绒藜的特征特性…………………………………………………… 118
第三节 驼绒藜的主要栽培技术……………………………………………… 119
参考文献……………………………………………………………………… 121
第二十五章 碱蓬…………………………………………………………… 122
第一节 概述………………………………………………………………… 122
第二节 碱蓬的特征特性……………………………………………………… 123
第三节 碱蓬的主要栽培技术………………………………………………… 124
参考文献……………………………………………………………………… 125
第二十六章 盐爪爪………………………………………………………… 126
第一节 概述………………………………………………………………… 126
第二节 盐爪爪的特征特性…………………………………………………… 126
第三节 盐爪爪的主要栽培技术……………………………………………… 127
参考文献……………………………………………………………………… 129
第二十七章 中亚滨藜……………………………………………………… 130
第一节 概述………………………………………………………………… 130
第二节 中亚滨藜的特征特性………………………………………………… 131
第三节 中亚滨藜主要栽培技术……………………………………………… 132
参考文献……………………………………………………………………… 133
第二十八章 冷蒿…………………………………………………………… 134
第一节 概述………………………………………………………………… 134
第二节 冷蒿的特征特性……………………………………………………… 135
第三节 冷蒿的主要栽培技术………………………………………………… 136
参考文献……………………………………………………………………… 138
第二十九章 沙柳…………………………………………………………… 139
第一节 概述………………………………………………………………… 139
第二节 沙柳的特征特性……………………………………………………… 140
第三节 沙柳的主要栽培技术………………………………………………… 141
参考文献……………………………………………………………………… 142

麦(*A. muda*),其次还有东方燕麦(*A. orientalis*),地中海燕麦(*A. byzantina*)也有一些种植。

1. 普通栽培燕麦

普通栽培燕麦被习惯称为燕麦或皮燕麦,属六倍体种群,有 42 条染色体,是世界上种植面积最大、分布最广的燕麦种,可占世界燕麦种植面积的 80%以上。普通栽培燕麦原产地为中亚细亚,其后传至小亚细亚、我国及欧洲大陆。

2. 大粒裸燕麦

大粒裸燕麦被习惯称为裸燕麦,起源于我国,在我国称为莜麦,属裸燕麦类,六倍体种群,有 42 条染色体,是我国燕麦的主栽种和传统作物,在欧、美、澳的一些国家和地区也有零星种植。燕麦一般分为带稃型(皮燕麦)和裸粒型(裸燕麦)两大类。

三、主要价值与利用

1. 营养价值

据中国医学科学院卫生研究所综合分析,中国裸燕麦含粗蛋白质 15.6%,脂肪 8.5%,还富含淀粉、维生素、尼克酸、叶酸、泛酸等,特别是维生素 E,每 100 克燕麦粉中高达 15 毫克。此外燕麦粉中还含有谷类食粮中均缺少的皂苷(人参的主要成分)。蛋白质的氨基酸组成比较全面,人体必需的 8 种氨基酸含量均居首位,尤其是赖氨酸含量高达 0.68 克。

2. 食用价值

燕麦在杂粮消费中占很大比例,燕麦中富含可溶性纤维和不溶性纤维,能大量吸收人体内的胆固醇并将其排出体外。此外,燕麦吃了易饱耐饥,有助于控制食欲,延缓胃的排空,是不可多得的天然减肥食物。

燕麦的吃法很多,常见的有搓成长条的莜面"鱼鱼";推成刨花状的"猫儿朵窝窝";用熟山药泥和莜面混合制成的"山药饼";燕麦包野菜的"菜角";也有直接将燕麦炒熟加糖或加盐的"炒面",可以干吃也可以用水调成糊状喝;将生山药蛋磨成糊状和莜面挂成丝丝的"圪蛋子";用熟山药和燕麦拌成小块状再炒制成"谷垒";小米粥煮拨鱼鱼的"鱼钻沙"等。

3. 饲用价值

燕麦籽实含有大量易消化、高热量营养物质,蛋白质、脂肪、维生素、矿物质元素和纤维素五大指标高于小麦、玉米、水稻、大麦、高粱以及糜子,是马、牛、羊的良好精料，也是饲养幼畜、老畜、病畜和重役畜以及鸡、猪等家畜家禽的优质饲料。燕麦籽实中还含有较高含量的β-葡聚糖和抗氧化成分，而β-葡聚糖能促进动物肠道中的双歧杆菌和乳酸杆菌增殖，抑制大肠杆菌繁殖，改善肠道健康。

燕麦草中可消化纤维、可溶性碳水化合物和过瘤胃的蛋白质含量高，部分燕麦草由于含糖量高，有“甜干草”的美誉。燕麦的青刈茎叶较其他麦类作物茎叶更有营养，嫩而多汁，青饲或调制干草都适宜，并且燕麦草适口性好、消化率高，能和豆科牧草豌豆或箭筈豌豆混播。燕麦麸皮对于猪等杂食动物来说也是较好的纤维性饲料原料。

4. 药用价值

燕麦含高蛋白，升糖指数低，是糖尿病人的优选食品，长期食用燕麦米有利于血糖和体重的控制，可以预防大肠癌。燕麦中含量丰富的亚油酸可降低胆固醇在心血管中的积累，有助于降血脂、降血压，防治心脏疾病。动脉粥样硬化性冠心病患者经常食用燕麦，有利于胆固醇、B脂蛋白、甘油三酯的降低，对于因肝肾病变、糖尿病以及脂肪肝等引起的继发性高血脂也有一定的改善。此外，燕麦可用于产妇催乳、婴儿发育不良以及老年体弱症，还可用来治疗皮肤干燥。

5. 美容价值

燕麦中含有燕麦蛋白、燕麦肽、β-葡聚糖和燕麦油等成分，具有抗氧化功效，还有增加肌肤活性、延缓肌肤衰老、美白保湿、减少皱纹色斑以及抗过敏等功效。美国、日本、韩国、加拿大、法国等国家称燕麦为“家庭医生”“植物黄金”和“天然美容师”，还用燕麦米煮粥的汤汁直接敷在脸上，或者浸泡压缩后制成面膜敷脸。

第二节　燕麦的特征特性

一、植物学特性

一年生草本，须根较坚韧，秆直立，光滑无毛，高60～120厘米，具2～4节。叶鞘松弛，光滑或基部被微毛。叶舌透明膜质，长1～5毫米。叶片扁平，长10～30厘米，宽4～12毫米，微粗糙，或上面和边缘疏生柔毛。

圆锥花序开展，金字塔形，长10～25厘米，分枝具棱角，粗糙。小穗长18～25毫米，含2～3小花，其柄弯曲下垂，顶端膨胀。小穗含1～2小花。小穗轴近于无毛或疏生短毛，不易断落。第一外稃背部无毛，基盘仅具少数短毛或近于无毛，无芒，或仅背部有1较直的芒，第二外稃无毛，通常无芒。颖果被淡棕色柔毛，腹面具

纵沟,长6～8毫米。花、果期4—9月。

二、生物学特性

燕麦的生长环境与一般谷物不同,喜爱高寒、干燥的气候,中国内蒙古自治区中部阴山北麓被誉为"全球燕麦美金产区",这里海拔约2 000米,年日照时间超过3 000小时,昼夜温差大,平均3米/秒的季风常年吹过。

燕麦喜冷凉,怕高温,属耐寒性较强的低温类作物,一般2～4 ℃即可发芽,幼苗可忍受3～4 ℃的冷害,生长期的最适温度是17～20 ℃,最高温度为30 ℃,超过35 ℃时则受害,38～40 ℃时,4～5小时后气孔萎缩而失去作用。燕麦是长日照植物,整个生育期需要750～780小时的日照。燕麦是需水较多的作物,种子萌发需水量要达到本身重的65%,同时,燕麦也是抗旱性较强的作物,在相对缺水的情况下,抗旱性高于小麦,因此是北方干旱区的主要作物之一。燕麦一生的不同生育阶段,对水分的要求不同,据研究证明,苗期耗水量占全生育期的9%,分蘖期至抽穗期耗水量占70%,灌浆至成熟期占20%。燕麦对土壤的要求不严,适于在多种土壤上种植,如南方的红黏土、北方的草甸土等,但以富含腐殖质的土壤为佳。燕麦是喜肥作物,对氮磷钾的要求比为2∶1∶1.5。

第三节　燕麦的主要栽培技术

一、播种前准备

1. 选地

燕麦喜凉、喜湿、喜阳光、不耐高温,光照不足会造成发育不良,适于在山区冷凉旱地的川地、坪地、梁地、缓坡地种植。

2. 轮作倒茬

燕麦忌连作，轮作周期3～4年，连作容易引发大面积黑穗病，前茬以豆类、马铃薯或绿肥作物最好。

3. 整地

大秋作物收获后机械深耕，深度20～30厘米，耕后及时耙耱。春季根据墒情适度耕整地，如土壤干旱要适当深耕，深度20厘米左右，土壤墒情较好要适当浅耕，深度15厘米左右，耕后耙地保墒。如雨水多，地温低，要采取耕翻放墒，以提高地温。

4. 施基肥

燕麦根系比较发达，吸收能力较强，以施基肥为主，追肥为辅。农家肥为主，化肥为辅。结合春耕施足基肥，按照测土配方施肥方法，根据地力水平和目标产量确定施肥量。高肥力地块，每亩需施有机肥2 000千克、氮8千克、磷5千克。中肥力地块，需施有机肥1 500千克左右、氮6千克、磷3.5千克。低肥力块，需施有机肥1 000千克、氮4千克、磷2千克。基肥应选用腐熟的农家肥，撒施要均匀，以利于生长。

二、播种

1. 种子处理

精选种子，除去杂质、秕子及瘦粒。播前晒种3天左右，摊晒厚度3厘米左右，保证种子质量，苗齐苗壮。播种前用多菌灵、甲基托布津等药剂拌种，是防治黑穗病行之有效的措施。按种子总量的0.2%～0.3%投药，然后均匀搅拌，有效率通常达95%～100%。

2. 播种期

中国华北、西北和东北地区为春播区，种子发芽温度一般为2～3℃，发芽较缓慢，15℃是出苗到拔节期的最佳温度，因此当地气温稳定在5℃以上时即可播种，一般播种期为4月上旬至5月中旬。

3. 播种方式

根据品种特性、地力条件等确定合理播量，播种过稠或过稀都不利于高产。一般地块小的可用8～9行的小型播种机，地块比较大的可用20行的中型播种机，行距20～25厘米，播幅2～3厘米，保苗25万～30万株/亩，播后要镇压或耙耱一次，出苗前遇雨应轻耱破板结。根据不同土壤肥力及水肥条件，播种量以8～12千克/亩为宜，一般10千克/亩。

三、田间管理

1. 苗期管理

苗期管理重在保证全苗，培育壮苗。燕麦出苗后，要及时查苗，发现漏种和缺苗断垄时要及时补种。出苗数较多，应及早间苗定苗。浅锄1～2次，不仅能锄草，而且能提高地温，切断土壤毛细管减少蒸发，达到防旱保墒的目的。

2. 中期管理

出苗后约20天时是3叶末分蘖到5叶的拔节抽穗期。拔节期到孕穗期这段时间的温度以20 ℃为最适温度。燕麦不耐严寒，温度过高也会影响其生长。拔节到抽穗是生长和发育最旺盛时期，田间管理的主攻方向是攻壮株促大穗。

中耕除草　拔节期进行深中耕，深度7～8厘米，孕穗期浅耕，5厘米左右为宜。结合中耕进行高培土，增加须根，增强吸收水肥能力，防止后期倒伏，便于排灌。如杂草较大，可采取化学除草，20%二甲四氯水剂用250毫升/亩，或72% 2,4-D丁酯乳油用药60～80毫升/亩，加水喷雾防治。施药时要避开大风、低温、干旱、寒潮等恶劣天气。

水肥管理　浇好分蘖水，适当早浇水，浇透水，具体浇水时间视土壤含水量确定。燕麦在拔节到抽穗这一阶段，对水分要求非常迫切，这时必须灌水。一般在燕麦分蘖阶段，雨水缺乏就要浇透水；抽穗前半个月，土壤含水量下降到20%时，采用轻浇水的办法进行浇水；拔节期适当迟浇水，等燕麦第一节伸长以后再浇水，可避免倒伏。

结合中耕和浇水进行追肥。若底肥不足，出现缺肥症状时，根据苗情在下雨前每亩施15千克左右尿素追肥。拔节后到抽穗期，每亩用磷酸二氢钾200克，对水1 000倍后进行喷施，喷施应在晴天的下午或阴天进行。追施氮肥能延长叶片寿命，提高光合作用功效，促进小穗分化，可提高30%左右产量。可结合追肥进行中耕。

3. 后期管理

从开花到籽粒成熟大约40天，这段时期可以进行叶面追肥，可用0.25千克磷酸二氢钾对水100千克或过磷酸钙5千克对水200千克，分几次进行叶面喷洒，对增加产量可起到很大作用。分蘖到抽穗期燕麦耗水量可达到全生育期总量的70%。籽粒灌浆期对水量的要求分外严格，雨水不足会导致产量和品质的降低。若遇干旱气候，为防止干热风及蚜虫，需进行及时灌溉。

第四节　燕麦的病虫害防治

一、病害

为害燕麦的主要病害有红叶病、秆锈病和冠锈病等。

1. 燕麦红叶病

燕麦红叶病是由蚜虫、蓟马、条斑蝉等传毒媒介传播的一种病毒病。这种病不能由种子、汁液、土壤等途径传病，主要是由翅蚜从其他越冬寄主上吸入的病毒传播的，病毒侵染健康植株 3～15 天出现症状。因此红叶病的发生与传播蚜虫发生的时间、数量有关，5 月上中旬气温高，相对湿度小，气候干旱，蚜虫数量大，发病率高。幼苗得病后，病株有不同程度矮化、早熟、枯萎现象，造成燕麦穗粒数、粒重明显下降。

防治方法：蚜虫开始出现之前，在田边地头向阳窝风处及时检查，一旦发现发病的植株，及时喷药灭蚜控制传毒。其方法是：

(1)用 40％乐果乳油 2 000～3 000 倍液。

(2)50％辛硫磷乳油 200 倍液喷雾防治，效果可达 87.7％。

(3)用 20％速灭杀丁乳油 3 000～5 000 倍液喷雾。

(4)用 40.7％乐斯本乳油 50～70 毫升/亩对水喷雾。

(5)用 50％避蚜雾可湿性粉剂 10 克/亩对水 50～60 千克/亩喷雾防治。

(6)消灭田间地埂周围杂草，控制寄主和病毒来源。

(7)在播种前用内吸剂浸种或用内吸剂制成颗粒拌种。

(8)选用抗病良种。

(9)改进栽培管理，增施氮肥、磷肥及合理配比促进早封垄，增加田间湿度，减少黄叶，保持绿叶数量。控制蚜虫数量是减轻红叶病的有效措施。

2. 燕麦秆锈病和冠锈病

在华北地区燕麦秆锈病出现在 7 月中下旬，当日平均温度达到 18～21 ℃或 21 ℃以上的雨后重露天气，尤其在下湿滩地，特别在低洼、下湿地种植密度大，通风不良，氮肥施用过多，植株贪青徒长的情况下发生尤其严重，一般减产 15％～18％。

防治方法：

(1)选用抗锈病高产良种。

(2)消灭病株残体，清除田间杂草寄主。

(3)实行“豌豆—小麦—马铃薯—燕麦—胡麻—豌豆”轮作方式，避免连作。

(4)加强栽培管理，多中耕，增强植株抗病能力，合理施肥，防止贪青徒长晚熟，多施磷肥促进早熟。

(5)发病后及时喷药防治，用25%三唑酮可湿性粉剂3.5克/亩，在发病初期对水50升喷雾。

(6)用12.5%速保利可湿性粉剂12～32克/亩，在感病前或发病初期对水75升喷雾。

(7)用12.5%粉唑醇乳油33～50毫升/亩，在锈病盛发期对水喷雾。

(8)用20%萎锈灵乳油2 000倍液喷雾。

(9)用25%三唑醇可湿性粉剂12克拌种10千克。

3. 坚黑穗病

坚黑穗病又名“黑霉”“黑旦”。坚黑穗病带病植株从苗期到抽穗初期，症状不明显，外形与健株相似。到灌浆后期病穗的结实部分，变成黑褐色粉末状的孢子堆，病穗比较松散。病穗的显著特点是受病小穗紧贴穗轴，其外也包裹灰白色薄膜。孢子堆常粘成坚硬的小块，其外裹有灰白色的薄膜，不易破裂，故称为坚黑穗病。

防治方法：异地换种，选用优良的拌种药剂和抗病力强的品种。合理轮作倒茬避免多年连作。严格按照操作规程拌种，黑穗病是可以完全消灭的。

重点应做好播前种子处理，保持种子干燥清洁。播前药剂拌种处理方法：

(1)拌种双按种子量的0.2%拌种，药效可达95%～100%。

(2)50%克菌丹按种子量的0.3%～0.5%，播前5～7天拌种堆放在一起可提高拌种效果。

(3)25%萎锈灵按种子量的0.3%拌种。

(4)50%福美双按种子量的0.3%拌种。

(5)若用多菌灵、甲基托布津等可湿性农药湿拌闷种防效更好。湿拌药剂闷种的方法是：按常规用量将药剂溶于水中，用水量为种子量的3%～5%，若气温低于0 ℃，将水加温至10 ℃，种子以100千克为一堆，平摊在水泥地面上，用小喷雾器边喷药液边用木锨翻拌，连续翻3遍以上，然后集堆盖好，闷种5～7天即可播种。

二、虫害

为害燕麦的主要害虫有地下害虫和地上害虫，其中地下害虫以蛴螬、土蝗和金针虫为主，地上害虫以蚜虫和黏虫为主。虫害防治坚持“预防为主，综合防治”的原则，适时播种。开花期避开雨季，防止疫病。轮作倒茬，进行秋深耕、压青砘等，可有效防治虫害。选种拌种，增强抗病、抗虫能力。田间及时拔除病株。病虫害大量发生时，可用化学方法防治，使用低毒、低残留的农药。

1. 金针虫

金针虫种类有沟金针虫、细胸金针虫、褐纹金针虫三种。生荒地或草滩地附近农田多发生细胸金针虫，开垦年久的农田多为沟金针虫，二者均普遍发生于燕麦产区，且为害较重，尤以沟金针虫危害最大。幼虫咬食已播种的燕麦种子或苗子根部，造成裸燕麦不发芽或幼苗枯死。土壤平均温度在10.8～16.6 ℃时金针虫为害最重，也是防治的关键时机，土壤温度上升到 20 ℃时，迁移到土壤深处，不再为害燕麦，冬季潜居于深层土壤之中越冬。

防治方法：

(1)施毒土。用 20%甲基异柳磷乳油 0.2 千克对沙土 25 千克播前施入土壤。

(2)毒谷与种子混播，用干谷子或糜子 5 千克，90%敌百虫 30 倍液 150 克，先将谷子煮至半熟捞出晾至七成干，然后拌药即可施用，用量 1 千克/亩。

2. 蚜虫

燕麦进入孕穗期、出穗期，容易发生蚜虫，可用 800 倍液乐果乳剂或 1 000 倍液 24.5%绿维虫螨药剂进行喷雾防治。

3. 黏虫

黏虫是麦类季发性害虫，要在黏虫 3 龄期以前，每亩喷施黏虫粉 2.5～3 千克或 1 000 倍液 24.5%绿维虫螨药液进行防治。

第五节 主推国产燕麦草品种介绍

一、蒙农大燕 1 号

“蒙农大燕 1 号”(*A. nuda*)是由内蒙古农业大学燕麦产业研究中心从加拿大引进的“VAO-6”品种中，经过系统选育培育而成的。2011 年通过内蒙古自治区农作物品种审定委员会认定，定名为“蒙农大燕 1 号”。

裸燕麦，春性，幼苗直立。生育期92天左右，属中熟品种。分蘖力强，株型紧凑，籽粒长卵圆形，黄色。株高平均为103厘米。侧散型穗，长串铃，穗长23.76厘米。长芒，颖壳为黄色，主穗小穗数为30.6个，穗粒数43.6粒，穗粒重2.3克，千粒重32.5克。植株根系发达，茎秆粗壮，抗旱、抗倒伏及耐盐性强。适于在沙土、壤土、沙壤土、黑钙土，且≥10℃有效积温1 800℃以上的地区种植，内蒙古及其毗邻省份均可种植。

蛋白质含量17.44%，赖氨酸含量3.25%，脂肪含量5.65%，β-葡聚糖含量8.3%。

籽实产量平均每亩322.8千克，鲜草产量每亩1 736.1千克。

内蒙古中西部地区，适宜播种期一般在4月2日至5月10日，后山地区适宜播期为5月20日左右，如作备荒救灾品种在6月20日左右播种。每亩播种量为8～10千克。播种时种肥的施用以有机肥结合化肥增产效果最好，有机肥可采用牛圈粪或羊粪，每亩施入量1 000千克，化肥以磷酸二铵为宜，每亩施入量6.5千克。在燕麦分蘖期以尿素作为追肥，每亩施入量5～6千克，增产效果明显。若土壤墒情不好，需灌保苗水。三叶期、五叶期和抽穗期适时进行灌水，具有明显的增产效果。

二、蒙饲燕1号

"蒙饲燕1号"是内蒙古农业大学于1987年以"永492"为母本，皮燕麦"歇里·努瓦尔"为父本，采用种间杂交选育而成的新品种，2017年经第二届内蒙古自治区草品种审定委员会审定登记育成品种备案，品种登记编号：N074。

"蒙饲燕1号"燕麦草为一年生6倍体（$2n=6x=42$）禾本科燕麦属（Avena·L.）植物，裸燕麦。幼苗半直立，叶片为深绿色，植株蜡质层较厚。植株较高，一般在120～160厘米，平均为143.7厘米。周散型穗，松散下垂，穗长24.8厘米，短串铃，穗铃长4.3厘米，穗铃数24个，穗粒数56粒，穗粒重1.44克。籽粒纺锤形，大粒，千粒重27.7克，最高可达30.0克。生育期在100克左右。属晚熟品种。抗旱耐瘠薄，耐黄矮病，适于在一般旱滩地及坡梁地种植。

抽穗期干草粗蛋白质8.99%，磷0.232%，钙0.380 5%，灰分7.01%，干物质93.22%，粗脂肪5.21%，粗纤维27.99%，中性洗涤纤维（NDF）49.90%，酸性洗涤纤维（ADF）30.46%。

鲜草每亩产量2 277.84千克，干草每亩产量783.35千克，种子每亩产量178.35千克。

春季气温稳定在5℃左右即可播种，内蒙古中西部地区一般4月5日至5月

10日均可播种，适当早播有利于促进分蘖、提高产量和抗寒性，可作备荒救灾品种在6月20日左右播种。麦茬复种在7月25日播种，深秋可长到100厘米左右。每亩播种量10千克，行距15厘米左右；适宜播深4～6厘米，播后及时镇压。

三、蒙燕1号

“蒙燕1号”(*A. sativa*)是由内蒙古农牧业科学院采用普通栽培燕麦(*A. sativa*)与大粒裸燕麦(*A. nuda*)种间杂交培育而成。母本为“永492”，父本为“80-13”，系谱号为“8707”。2010年通过全国农作物品种审定委员会审定，并命名为“蒙燕1号”。

生育期85～95天。株型紧凑，株高90～100厘米。茎秆坚韧，抗倒伏性强，茎叶茂盛，产草量高。周散型穗，穗长16.3～21.2厘米，颖壳为黄色，穗铃数26.8个，穗粒数25.9～55.0粒，铃粒数2～3粒，籽粒椭圆形，穗粒重1.5～2.58克，千粒重33～35克。耐黄矮病，较抗燕麦坚黑穗病，抗旱耐瘠性强，口紧不落粒，落黄好。适于在华北及西北地区中等肥力的土壤上种植。

粗蛋白质含量14.46%，粗脂肪含量4.95%，粗淀粉含量53.42%。

旱滩地每亩产量平均200～273千克；旱坡地每亩产量平均80～100.5千克。2006—2008年参加全国皮燕麦区域试验，平均每亩产量273.2千克，比对照增产11.89%。2009年参加国家皮燕麦生产试验，4个试点中平均每亩产量348.1千克，比对照增产29.20%；鲜草平均每亩产量3278.8千克，较对照“青引1号”平均增产10.39%。

肥力较低的旱平坡地每亩播种量7.5～8.0千克，每亩基本苗20万～23万株；肥力较高的旱平坡地每亩播种量10～15千克，每亩基本苗25万～30万株；土壤黏重的二阴滩地每亩播种量15千克左右，每亩基本苗25万～30万株。春播夏收区播种期在3月中下旬，夏播秋收区播种期在5月中下旬，可作备荒救灾品种在6月20日左右播种。旱田种植以基肥和种肥为主，一般每亩施7.5千克磷酸二铵做种肥。

四、草莜1号

“草莜1号”(*A. nuda*)是由内蒙古农牧业科学院采用普通栽培燕麦(*A. sativa*)与大粒裸燕麦(*A. nuda*)种间杂交培育而成。母本为“578”，父本为“赫波1号”，系谱号为“8474-1-1-2”。2002年通过内蒙古自治区农作物品种审定委员会审定，定名为“草莜1号”。

生育期95～100天。株型紧凑，株高120～150厘米。周散型穗，长25厘米左右，茎秆坚韧，抗倒伏性强，茎叶茂盛，产草量高。籽粒椭圆形，颖壳为黄色，铃数26.8个，串铃型。铃粒数2～3粒，穗粒数49粒，穗粒重0.9～1.2克，千粒重20.0～24.0克。耐黄矮病，较抗坚黑穗病，抗旱耐瘠性强，口紧不落粒，落黄好。全国区试表现强，适合在华北及西北地区中等肥力的地区种植。春播可解决6月底7月初缺乏鲜草的问题。

蛋白质含量15.7%、脂肪含量6.1%。茎叶比0.7∶1，干鲜比0.18∶1。青干草蛋白质含量8.56%，脂肪含量2.78%，总糖含量1.09%，粗纤维含量25.25%。

该品种一般栽培每亩产量106.6～155.8千克。春播每亩产鲜草3 500～4 000千克，夏播及小麦收获后复种，每亩产鲜草2 000～3 000千克。

肥力较低的旱平坡地每亩播种量7.5～8.0千克，每亩基本苗20万～23万株；肥力较高的旱平坡地每亩播种量8～9千克，每亩基本苗23万～27万株；土壤黏重的二阴滩地每亩播种量10千克左右，每亩基本苗25万～30万株。春播夏收区播种期在3月中下旬，夏播秋收区于5月中下旬播种，可作备荒救灾品种在6月20日左右播种。旱田种植以基肥和种肥为主，一般每亩施7.5千克磷酸二铵做种肥。

五、乌莜1号

选育过程："乌莜1号"(*Avena nuda* L.)是由乌兰察布市农林科学研究所，以冀张莜1号[裸燕麦(*Avena nuda*)]为母本和永118[皮燕麦(*Avena sativa*]为父本进行种间杂交选育而成的新品种。

特征特性：幼苗直立，植株高大，全株绿色，生育期103天左右，属中晚熟型品种；株高1.37米左右，叶量高且叶片宽大，茎秆柔软粗壮且纤维化程度低，味甘甜且适口性好；周散穗型松散下垂，穗长19.53厘米；穗粒数75.60粒，穗粒重2.05克，小穗数37.87粒；千粒重26.50克；叶为长披针形，叶脉绿色；平均分蘖数2.37个(有效分蘖1.21个)；出苗快，根系强大，抗旱能力强，抗倒伏，耐瘠薄，在沙土、壤土、沙壤土、黑钙土上均能良好生长，适应性广。

品质指标：该品种品质优异，粗蛋白13.70%，磷0.23%，钙0.60%，灰分10.03%，干物质91.62%，粗脂肪3.00%，中性洗涤纤维(NDF)55.85%，酸性洗涤纤维(ADF)37.50%。

产量表现：2018—2019年参加品比试验，鲜草产量达52 726.35千克/公顷，干草产量达14 907.45千克/公顷，种子产量3 701.85千克/公顷，较对照蒙农大燕1号分别增产14.07%、13.74%、8.82%；2020—2021年在3个不同地区进行6点的区域试验，鲜草产量平均为50 025.00千克/公顷，干草产量平均为13 806.90千克/公顷，籽粒产量平均为 2 901.45 千克/公顷；2021—2022 年参加生产试验，鲜草产量平均为 51 225.60 千克/公顷，干草产量平均为 14 207.10 千克/公顷，籽粒产量平均为 2 701.35 千克/公顷。

栽培技术要点：春季气温稳定在 5 ℃左右即可播种，内蒙古中西部地区一般 4 月 5 日至 5 月 10 日均可播种，乌兰察布前山地区可以适当推迟播种，最晚可在 6 月 1 日前播种。采取条播方式，播量 180.0 千克/公顷，行距 15～25 厘米，适宜播深为 4～6 厘米，播后及时镇压。基肥一般要求施优质农家肥 2 000～3 000 千克/亩，结合播种每亩施种肥磷酸二铵 15 千克，拔节前可结合苗情在垄背开沟追肥，追尿素 5～7 千克/亩。

参考文献

1. 燕麦. 科技大数据知识发现平台[引用日期 2022-04-06].

2. 王凤梧 . 乌兰察布市农作物品种志[M]. 北京：中国农业大学出版社，2020.

3. 刘吉和，刘长柱，于海军 . 燕麦草生物学特征及栽培技术[J]. 吉林畜牧兽医，2011，11(32)：48.

第二章 老 芒 麦

第一节 概 述

老芒麦

一、起源与分布

老芒麦是禾本科披碱草属，多年生丛生草本植物，别名垂穗大麦草、西伯利亚披碱草。它主要分布于北半球温寒地带，为欧亚大陆广布种。在欧洲中东部和亚洲的西伯利亚、中亚、东亚均有分布；在我国分布于东北、华北、西北、四川及西藏南部。生长于森林草原的河谷草甸、草甸化草原、疏林、灌丛和林间空地。

老芒麦在国外作为栽培牧草开始于18世纪末至19世纪初，首先是俄国、美国及德国的学者们开始研究老芒麦，但从20世纪初才开始比较系统地去研究和种植利用。苏联把老芒麦作为新的饲草种植开始于1927年。中国在20世纪60年代初开始在东北、内蒙古、陕西、山西、甘肃、青海、新疆种植老芒麦，用于补播、改良天然草场和建立人工草场；在70年代很快得到了大面积推广种植。目前，老芒麦在我国已成为北方地区一种重要的牧草来源，已选育出来的品种有山丹老芒麦、农牧老芒麦、吉林老芒麦、黑龙江老芒麦、多叶老芒麦等。

二、主要价值

老芒麦的饲用等级属于优等牧草，它在披碱草属中属于饲用价值最高的一种牧草，富含蛋白质，从化学组成来看，在抽穗期其粗蛋白质的含量占干物质的10.5%，粗脂肪占2.89%，而粗纤维仅占27.49%，为优良饲用植物。老芒麦叶量丰富，鲜草嫩绿多汁，产量中有40%～50%是叶子，抽穗期的茎、叶、穗之比是39.65∶46.27∶14.08，再生草可达60%～80%及以上。

老芒麦适时刈割可调制成上等干草，也适于青饲和放牧。它的利用期限很长，能利用3～6年，产量在第二年到第四年最高，第五年产量会逐渐下降，但下降的幅度不大。鲜草利用时间5—9月，在潮湿或有灌溉条件的地区每年可刈割2～4次，每公顷产鲜草600～1 200千克，产种子750～2 250千克。花期可以刈割调制为干草供饲喂牲畜。老芒麦在中国北方种植面积不断扩大，表现出了许多优良特性，是建立人工打草场的一种很好的栽培草种。

第二节 老芒麦的特征特性

一、植物学特性

多年生丛生草本。秆单生或成疏丛，直立或基部稍倾斜，高 60～90 厘米，粉红色，下部的节稍呈膝曲状。叶鞘光滑无毛。叶片扁平，有时上面生短柔毛，长 10～20 厘米，宽 0.5～1 厘米。

穗状花序较疏松而下垂，长 15～20 厘米，通常每节具 2 枚小穗，有时基部和上部的各节仅具 1 枚小穗。穗轴边缘粗糙或具小纤毛。小穗灰绿色或稍带紫色，含(3)4～5 小花。颖狭披针形，长 4～5 毫米，具 3～5 明显的脉，脉上粗糙，背部无毛，先端渐尖或具长达 4 毫米的短芒。外稃披针形，背部粗糙无毛或全部密生微毛，具 5 脉，脉在基部不太明显，第一外稃长 8～11 毫米，顶端芒粗糙，长 15～20 毫米，稍展开或反曲。内稃几与外稃等长，先端 2 裂，脊上全部具有小纤毛，脊间亦被稀少而微小的短毛。

二、生物学特性

老芒麦能耐湿，抗旱力稍差，适合在年降水量 400～600 毫米的地区生长，可旱作栽培，但耐旱性稍差，在干旱地区种植有灌溉条件最好，会获得高产。它的耐寒性很强，能耐－40～－30 ℃的低温，在海拔 4 000 米左右的高原也能够安全越冬，青海、内蒙古、黑龙江等地能够顺利越冬。翌年返青较早，从返青到成熟需活动积温 1 500～1 800 ℃。

对土壤的适应性较广，适于在弱酸性或微碱性腐殖质土壤中生长。

老芒麦分蘖能力强，春播当年可达 5～11 个，分蘖节位于表土层 3～ 4 厘米处。播种当年以营养枝占优势，几乎达总枝条数的 3/4。再生草产量占总产量的 20%。老芒麦一般寿命 10 年左右，在栽培条件下可维持 4 年高产。老芒麦在水肥条件好时每年可刈割 2 次，北方大部分地区，每年仅刈割 1 次，再生草常用来放牧。

第三节　老芒麦的主要栽培技术

一、播前准备

1. 选种

播种前处理人工草地种子要达到国家规定的三级标准以上。种子田种子要达到国家规定的二级以上标准。严格检验种子病虫携带情况。带有严重病虫害的种子要立即销毁，轻度病虫害的种子经药物处理后方可使用。播种前对种子采用碾压等方式进行种子断芒处理，选种时用种子清选机或人工筛选。

2. 整地

新开垦地应先将地表推平，清除杂物后，再进行耕翻，耕深 18～22 厘米。耕翻土壤应在秋季进行，耕翻后，用耙耙碎土块，整平地面。熟地耕深 15～20 厘米，播种前要清除杂草、石块等。

3. 施基肥

播种前根据土壤肥力状况施入适量的肥料，每公顷施磷酸二铵 75～100 千克或农家肥 22 500～30 000 千克作基肥。

二、播种

1. 播种期

根据气候和土壤水分状况确定适宜的播种期，以春播为宜，春播在 4—5 月进行，在春旱严重地区宜采取夏播，夏播在 6—7 月进行。

2. 播种方法

种子田播种宜采用条播方法，行距为 30 厘米，播种深度为 3～4 厘米。人工草地可采用条播或撒播，条播行距为 15～30 厘米，撒播一般采用人工和飞机撒播，播种后需要耙耱覆土。播种后要进行覆土，深度 2～3 厘米，除潮湿而黏重的土壤外，需进行镇压处理。

3. 播种量

遵循适量播种，合理密植的原则。人工草地播种量每公顷 22.5～30 千克。种子田播种量每公顷 15～22.5 千克。

三、水肥管理

采用封育管护措施。在牧草拔节至孕穗期，有灌溉条件的，应及时灌水 1 次，每公顷灌水 900～1 200 米^3，同时每公顷追施尿素 75～150 千克。种子田应在分蘖期用中耕除草机或化学除草剂除草。

参考文献

1. 披碱草属. 植物智[引用日期 2019-12-19].

2. 老芒麦. 植物智[引用日期 2019-12-19].

3. 武保国. 老芒麦[J]. 2003(8):28.

4. 张春梅，汪新川，赵恒军. 老芒麦栽培技术探讨[J]. 畜牧与饲料科学，2009，30(3):158.

第三章 新 麦 草

第一节 概 述

新麦草

一、起源与分布

新麦草[*Psathyrostachys juncea*（Fisch.）Nevski]是禾本科新麦草属多年生草本植物。新麦草又名俄罗斯野黑麦、灯芯状披碱草，原产于中亚、俄罗斯（西伯利亚）、蒙古国及中国（天山、阿尔泰山以及西藏等），欧洲也有分布。中亚为其分布中心，也是新麦草的起源和演化中心。1927 年，美国从亚洲引入种植，栽培驯化成特别适于美国北部大平原种植的优良栽培牧草，之后加拿大又从美国引入栽培类型及其品种进行种植。

在我国新疆伊犁草原自然生长着茂密的、株高达 110 厘米、抗逆性强的新麦草野生类型。20 世纪 60 年代初，新疆八一农学院采集天山野生新麦草种子进行栽培驯化，获得成功。新疆生产建设兵团也引种栽培，20 世纪 80 年代开始大面积推广种植。现在新麦草在新疆境内栽培比较普遍，用来改良干旱和半干旱区草场以及建立人工草地。新疆石河子地区也引入栽培，可以春播或秋播，生长良好。内蒙古、甘肃、青海、河北等省、自治区也开始种植，建立人工打草场和放牧场。

二、主要价值与利用

用新麦草建植的人工草地，是马、牛、羊良好的放牧场，同时也可调制干草。新麦草茎叶柔软，适口性好，营养价值高，各种草食家畜都喜采食，其粗蛋白质含量相对较高，抽穗期达 14.10%，开花期达 17.83%，结实期 13.44%。粗脂肪 2.6%，粗纤维 22.4%，无氮浸出物 52.9%，粗灰分 8%。新麦草草丛结构为基部草层密集，中上部茎叶稀疏，不利于收割，最适于放牧，最适放牧时间是 8—11 月。

新麦草抗旱、耐寒，抗病虫害能力强，适应性广，分蘖能力强，其青绿期长，可作为缓解深秋季青饲料不足的饲草资源，用来建立人工草地，或改良天然草场。

第二节　新麦草的特征特性

植物学特性

多年生草本，具直伸短根茎，密集丛生。秆高 40～80 厘米，直径约 2 毫米，光滑无毛，仅于花序下部稍粗糙，基部残留枯黄色、纤维状叶鞘。叶鞘短于节间，光滑无毛；叶舌长约 1 毫米，膜质，顶部不规则撕裂；叶耳膜质，长约 1 毫米；叶片深绿色，长 5～15 厘米，宽 3～4 毫米，扁平或边缘内卷，上、下两面均粗糙。

穗状花序下部为叶鞘所包，长 9～12 厘米，宽 7～12 毫米。穗轴脆而易断，侧棱具纤毛，节间长 3～5 毫米。小穗 2～3 枚生于 1 节，长 8～11 毫米，淡绿色，成熟后变黄或棕色，含 2～3 小花。颖锥形，长 4～7 毫米，被短毛，具 1 不明显的脉。外稃披针形，被短硬毛或柔毛，具 5～7 脉，先端渐尖成 1～2 毫米长的芒，第一外稃长 7～10 毫米；内稃稍短于外稃，脊上具纤毛，两脊间被微毛；花药黄色，长 4～5 毫米。花期 5—7 月，果期 8—9 月。

第三节　新麦草的主要栽培技术

一、播种

1. 整地

新麦草苗期发育缓慢，成年株丛庞大，根系深，要求翻地深15～25厘米，整地要细平，进行镇压，使其下虚上实。

2. 播种方式

手工播种、畜力播种、机械播种均可，而以机械播种效果最佳。撒播、条播、穴播均可。播种深度一般控制在2厘米以内，比较黏重的土壤，覆土最好控制在1厘米以内，较干旱的沙壤土不得超过3厘米，否则出苗率低。

3. 播种量

一般为7.5～15千克/公顷，若为放牧地则需要加大播量，一般需达到30～45千克/公顷。

4. 播种期

中国北方春、夏、秋三季均可播种。在适于种植春小麦的寒温带地区，可以早春播种，也可以在夏天雨季播种，即6月下旬到7月中旬。在种植冬小麦的暖温带地区，最好与冬小麦同时播种，如在北京9月播种，效果最佳，其种子非常容易出苗，一般在春播10～15天即可出苗，而夏播7～10天后也会出苗。

二、水肥管理

新麦草草地生长早期应适当灌水，以利于保全苗。此外，新麦草对氮肥十分敏感，追施氮肥，有助于提高产草量和粗蛋白质含量，从而可改善饲草品质，同时延长其青绿期。

三、收获

新麦草的收获期应考虑到它的产草量、营养价值以及再生力。对于混播草地，每年3次初花期刈割，留茬5厘米。而对于单纯新麦草人工草地，每年3次抽穗期刈割，留茬4厘米较为适宜，而留茬2厘米牧草品质最优，若配以施肥则为每年2次刈割，氮、磷、钾为6∶3∶2为宜。

参考文献

1. 小麦族. 植物智[引用日期 2019-12-19].

2. 新麦草. 植物智[引用日期 2019-12-19].

3. 张晋华，杨桂英. 优良牧草新麦草的栽培与利用[J]. 山西农业(畜牧兽医)，2007(1)：21-22.

第四章 黑 麦 草

第一节 概 述

黑麦草

一、起源与分布

黑麦草(*Lolium perenne* L.)是禾本科多年生植物,是重要的栽培牧草和绿肥作物。多年生黑麦草原产南欧、北非及西南亚,1677 年英国首先栽种。现新西兰、澳大利亚、美国和英国广泛栽培用作牛羊的饲草。黑麦草生于草甸草场和路旁湿地。

我国从 20 世纪 80 年代中后期开始从国外引进黑麦草进行栽培、繁殖和利用,各地也逐渐培育出了与本地区气候土壤条件相适应的优良品种。目前,国内生产推广种植的黑麦草有 3 类:一年生黑麦草、多年生黑麦草和杂交黑麦草。一年生黑麦草又叫意大利黑麦草或多花黑麦草,多年生黑麦草又叫宿根黑麦草,杂交黑麦草是黑麦草与其他品种牧草杂交的后代。

二、主要价值及利用

(一)饲用价值

黑麦草鲜草柔嫩多汁,适口性好,营养丰富,消化率高。干草中的粗蛋白质含量高达 13%~25%,生物学效价达 85%以上,各种氨基酸、维生素含量丰富。此外,黑麦草鲜草中含有的酶、激素和有机酸,能促进动物机体健康并保持较高的生产力,可直接放牧使用,亦可刈割、青贮和制作干草。

1. 放牧利用

黑麦草生长快、分蘖多、能耐牧,是优质的放牧用牧草,也是禾本科牧草中可消化物质产量最高的牧草之一。常单播或与多种牧草作物如紫云英、白三叶、红三叶、苕子等混播。牛、羊、马尤喜欢其混播草地,不仅增膘长肉快,产奶多,还能节省精料。牛、马、羊一般在播后 2 个月即可轻牧一次,以后每隔 1 个月可放牧一次。

放牧时应分区进行，严防重牧。每次放牧的采食量控制在鲜草总量的60%～70%为宜。每次放牧后要追肥和灌水一次。

2. 刈割

黑麦草营养价值高，富含蛋白质、矿物质和维生素，其中干草粗蛋白质含量高达25%，且叶多质嫩，适口性好，可直接喂养牛、羊、马、兔、鹿、猪、鹅、鸵鸟、鱼等。牛、马、羊、鹿饲用尤以孕穗期至抽穗期刈割为佳，可采取直接投喂或切段饲喂；用以饲喂猪、兔、家禽和鱼，则在拔节至孕穗期间刈割为佳，以切碎或打浆拌料喂给，应现刈现喂，不要刈割太多，以免浪费。

3. 青贮

黑麦草青贮，可解决供求上出现的季节不平衡和地域不平衡问题，同时也可解决盛产期雨季调制干草的困难，并获得较青刈玉米品质更为优良的青贮料。青贮在抽穗至开花期刈割，应边割边贮。如果黑麦草含水量超过75%，则应添加草粉、麸糠等干物，或晾晒1天消除部分水分后再贮。发酵良好的青贮黑麦草，具有浓厚的醇甜水果香味，是最佳的冬季饲料。

4. 调制干草和干草粉

黑麦草属于细茎草类，干燥失水快，可调制成优良的绿色干草和干草粉。一般可在开花期选择连续3天以上的晴天刈割，割下就地摊成薄层晾晒，晒至含水量在14%以下时堆成垛；也可制成草粉、草块、草饼等，供冬、春季喂饲，或作商品饲料，或与精料混配利用。

(二)经济价值

黑麦草为高尔夫球道常用草，球道、发球台选用多年生黑麦草(*Perennial Ryegrass*)混交播较合适，常用的有夜影(*Evening Shade*)、补播王2号(*Overseeder* Ⅱ)等品种。

第二节 黑麦草的特征特性

一、植物学特性

多年生，具细弱根状茎。秆丛生，高30～90厘米，具3～4节，质软，基部节上生根。叶舌长约2毫米。叶片线形，长5～20厘米，宽3～6毫米，柔软，具微毛，有时具叶耳。

穗形穗状花序直立或稍弯，长 10～20 厘米，宽 5～8 毫米。小穗轴节间长约 1 毫米，平滑无毛。颖披针形，为其小穗长的 1/3，具 5 脉，边缘狭膜质。外稃长圆形，草质，长 5～9 毫米，具 5 脉，平滑，基盘明显，顶端无芒，或上部小穗具短芒，第一外稃长约 7 毫米。内稃与外稃等长，两脊生短纤毛。颖果长约为宽的 3 倍。花果期 5—7 月。

二、生物学特性

黑麦草喜温凉湿润气候，宜于夏季凉爽、冬季不太寒冷的地区生长。10 ℃左右能较好生长，27 ℃以下为生长适宜温度，35 ℃生长不良。光照强、日照短、温度较低对分蘖有利。温度过高则分蘖停止或中途死亡。黑麦草耐寒、耐热性均差，不耐阴。在环境适宜条件下可生长 2 年以上，国内一般仅作越年生牧草利用。

黑麦草在年降水量 500～1 500 毫米地方均可生长，而以 1 000 毫米左右为适宜。较能耐湿，但排水不良或地下水位过高也不利黑麦草的生长。不耐旱，尤其夏季高热、干旱更为不利。对土壤要求比较严格，喜肥不耐瘠。略能耐酸，适宜的土壤 pH 为 6～7。

第三节　黑麦草的主要栽培技术

一、选地耕作

选择土质疏松、质地肥沃、地势较为平坦、排灌方便的土地进行种植。

播种前对土地进行全面翻耕，并保持犁深到表土层下 20～30 厘米，精细重耙 1～2 遍，并清除杂草，破碎土块后镇压地块，使土壤颗粒细匀，孔隙度适宜。开沟做畦，沟深 30 厘米，宽 30 厘米，畦的方向依地形定以便于排灌，每畦宽 2～3 米。

施足底肥，每亩施 1 000～1 500 千克的农家肥或 40～50 千克钙镁磷肥。

二、播种

牧草的播种方法有条播、点播、撒播 3 种，一般以条播为主，辅以点播和撒播。

条播：将整理好待用的土地以 1.5～2 米进行开墒，行距 20～30 厘米，播幅 5 厘米，按每亩 1.2～1.5 千克的播种量进行播种，覆土 1 厘米左右，浇透水即可；零星地块用点播的方法进行，其方法是：按株行距离 15 厘米×15 厘米，每亩 1 千克左右（每穴 8～12 粒）的播种量进行播种，覆土 1 厘米左右，浇透水即可。

三、田间管理

在幼苗长出后要及时清除杂草，并注意防治各种病虫害，每次刈割后要及时进行松土、施肥。特别是要追施氮肥，每亩用量 5～10 千克，为避免灼伤草茬，必须在收割后 2 天才能施肥。若为酸性土壤，可每亩增施磷肥 10～15 千克。发现缺苗地块要及时补播。水肥充足是发挥多年生黑麦草生产潜力的关键措施之一。

四、收割

播种后 40～50 天后即可割第一次草。割草时无论长势好坏都必须收割，第一次收割留茬不能低于 3 厘米，以后看牧草的长势情况，每隔 20～30 天收割一次，留茬不能低于 3 厘米。同时根据实际情况，可留至拔节期收割。第一茬草适当早割，这样可促分蘖。饲喂牲畜用不完的青草可进行青贮利用。

五、病虫防治

常见害虫　亚洲飞蝗、宽须蚁蝗、小翅雏蝗、狭翅雏蝗、西伯利亚蝗、草原毛虫类、秆蝇类、黏虫、意大利蝗、蛴螬、蝼蛄类、金针虫类、小地老虎、黄地老虎、大地老虎、白边地老虎、大垫尖翅蝗、小麦皮蓟马、麦穗夜蛾、叶蝉类、青稞穗蝇等。

防治方法　出苗后主要有地老虎和蛴螬等为害牧草。可用敌百虫、百树得等相关药物在天黑前喷雾防治，地老虎可采用灌水方式进行防治。

参考文献

1. 黑麦草. 植物智[引用日期 2019-12-19].
2. 多年生黑麦草生长环境条件. 中国农业推广网[引用日期 2016-02-11].
3. 多年生黑麦草种植技术. 中国农业推广网[引用日期 2016-02-11].
4. 黑麦草的饲用技术. 中国牧草信息网[引用日期 2009-10-14].
5. 刘金祥. 中国南方牧草. 北京:化学工业出版社,2004.
6. 孔凡德. 黑麦草的研究与利用前景[J]. 四川草原,2002(2):29-31.

第五章　无 芒 雀 麦

第一节　概　　述

无芒雀麦

一、起源与分布

无芒雀麦（*Bromus inermis* Leyss.）是禾本科，雀麦属多年生草本植物，原产于欧洲，其野生种分布于亚洲、欧洲和北美洲的温带地区，多分布于山坡、道旁和河岸。

我国东北、华北、西北等地都有野生种。在内蒙古高原多生于草甸、林缘、山间谷地、河边及路旁草地。在草坪中可以成为建群种或优势种。该草现已成为欧洲、亚洲干旱、寒冷地区的重要栽培牧草。我国东北 1923 年开始引种栽种，新中国成立后各地普遍进行种植，是北方地区一种很有栽培价值的禾本科牧草。

二、主要价值与利用

无芒雀麦草质柔嫩，营养丰富，鲜草含粗蛋白质 2.38%，粗脂肪 0.88%，无氮浸出物 15.12%。干草这些指标分别为 8.18%、2.59%和 8.68%。叶量丰富，适口性好，一年四季为各种畜禽所喜食，是一种放牧和割草兼用的优良牧草。即使收割稍迟，质地并不粗老。经霜后，叶色变紫，而口味仍佳。鲜草是鹅等畜禽的优质饲料。

无芒雀麦能刈割，可青贮、青饲或调制干草，为富含碳水化合物的青贮原料，可调制成优质的青贮饲料。在孕穗至结实期刈割，经消失部分水分后青贮，可调制成酸甜适口的半干青贮饲料。窖贮或袋贮均可，与豆科牧草混贮品质更好。喂鹅一般选择株高 30 厘米左右时收割青饲。幼嫩的无芒雀麦，其营养价值不亚于豆科牧草，饲喂效果好。无芒雀麦寿命长，一般可利用 6～7 年，在管理水平较高的情况下，能利用 10 年以上。

无芒雀麦也是建立人工草场和环保固沙的主要草种，是北方各地的重要草种。

第二节 无芒雀麦的特征特性

一、植物学特性

多年生草本，具横走根状茎。秆直立，疏丛生，高 50～120 厘米，无毛或节下具倒毛。叶鞘闭合，无毛或有短毛。叶舌长 1～2 毫米。叶片扁平，长 20～30 厘米，宽 4～8 毫米，先端渐尖，两面与边缘粗糙，无毛或边缘疏生纤毛。

圆锥花序长 10～20 厘米，较密集，花后开展。分枝长达 10 厘米，微粗糙，着生 2～6 枚小穗，3～5 枚轮生于主轴各节。小穗含 6～12 个花，长 15～25 毫米。小穗轴节间长 2～3 毫米，生小刺毛。颖披针，具膜质边缘，第一颖长 4～7 毫米，具 1 脉，第二颖长 6～10 毫米，具 3 脉。外稃长圆状披针形，长 8～12 毫米，具 5～7 脉，无毛，基部微粗糙，顶端无芒，钝或浅凹缺。内稃膜质，短于其外稃，脊具纤毛。花药长 3～4 毫米。颖果长圆形，褐色，长 7～9 毫米。花果期 7—9 月。

二、生物学特性

无芒雀麦喜肥性强，最适于在黑钙土上生长，在经过改良的黄土、褐色土、棕壤、黄壤、红壤等地上也可获得较高的产量。无芒雀麦耐酸抗碱，对土壤的适应能力强，能顺利在 pH 为 8.5、土壤含盐量为 0.3%、钠离子含量超过 0.02%的盐碱地上生长。无芒雀麦耐寒性相当强，能忍受－45 ℃的低温而安全越冬。总的来说，无芒雀麦最适于在年降水量 400～600 毫米、年均温 3～10 ℃、0 ℃以上积温在 2 700～4 000 ℃的地区大面积种植。

无芒雀麦为喜光植物，在生长发育上属于半冬性植物，需经过一段低温（低于 5 ℃）完成春化阶段，才能从营养生长转向生殖生长。营养生长最适宜温度为 15～24 ℃，生殖生长最适宜温度为 20～30 ℃。在长日照条件下种子才能成熟。

第三节　无芒雀麦的主要栽培技术

一、播种前准备

1. 选地整地

无芒雀麦选地不严，退化草地、退耕牧地、山坡草地、边旁隙地、林间草地等均可种植。在房宅周围和圈舍近旁等肥水充足的地块种植更为适宜。无芒雀麦种子发芽要求水分充足和土壤疏松，所以必须有良好的整地质量。

2. 施基肥

无芒雀麦为喜肥牧草，以施基肥为主。每亩施半腐熟优质农家肥 4 000～6 000 千克，可维持肥效 3～5 年。

3. 种子处理

无芒雀麦的颖果，常在穗上由于小枝相互粘连，影响播种，所以播种前要重新脱打成单粒，去除杂质后播种。

二、播种

1. 播种期

在保证一定生育期的前提下抢墒播种。北方春旱地区种植无芒雀麦，在土壤解冻层达预期深度即播种。如果土壤墒情不好，也可错过旱季，雨后播种。

2. 播种方式及播种量

条播，行距 30～40 厘米。播种量为 1～1.5 千克/亩。机械播种播深 3～4 厘米，播后镇压 1～2 次。

三、田间管理

1. 中耕除草

苗期生长较慢，要及时除草。通常要在分蘖至拔节期间，及时中耕除草 1～2 次，后期再拔 1 次高大杂草。

2. 追肥

追肥对无芒雀麦有良好的增产作用，可在分蘖至拔节期每亩施硫酸铵或尿素 15～20 千克、过磷酸钙 30～40 千克，追肥后随即浇水。

3.更新复壮

无芒雀麦生长3年以后，由于根茎相互交错，结成草皮，致使土壤水分不足，通透不良，必须及时更新复壮。在春季萌发前或第一次收获后，用深松犁或圆盘耙，切断根茎，破坏草皮，以促其旺盛生长。

参考文献

1.雀麦属.植物智[引用日期 2019-12-19].

2.无芒雀麦.植物智[引用日期 2019-12-19].

3.崔洪文.无芒雀麦的栽培要点[J].科学种养，2011(10):42.

第六章 披 碱 草

第一节 概 述

披碱草

一、起源与分布

披碱草(*Elymus dahuricus* Turcz.)是禾本科披碱草属多年生丛生草本植物。野生种在世界上主要分布于北半球寒温带的蒙古国、俄罗斯、日本、朝鲜、土耳其、印度等国家。在我国披碱草主要分布于东北、内蒙古、河北、河南、山西、陕西、青海、四川、新疆、西藏等省(自治区)。多生于山坡草地或路边。

披碱草引入栽培的历史不久,苏联在20世纪初引入栽培。我国于1954年由崔有文推荐,在华北及西北地区栽培,嗣后,原内蒙古草原研究所,在锡林郭勒种畜场进行较大面积试种。从20世纪70年代以来,该草已在我国华北、内蒙古及东北部逐渐推广,并开始成为主要牧草品种。

二、主要变种

青紫披碱草(*Elymus dahuricus Turcz.* var. *violeus* C. P. Wang et H. L. Yang)与披碱草的主要区别在于,基部叶鞘密被长柔毛,颖的脉上粗糙、疏被短硬毛。分布于中国内蒙古、青海(循化)等省(自治区)。生于山沟及山坡草地。模式标本采自内蒙古大青山。青紫披碱草植株高大(高可达2米左右,直径3.5～5毫米),叶量丰富(长22～32厘米,宽5～15毫米),穗长(10～20厘米),结实多,耐寒、易繁殖,经引种栽培试验,生长良好,是一种有利用价值的优良牧草。

三、主要价值

1. 生态价值

披碱草的根茎粗壮,在贫瘠的土壤当中生长,对于减少土壤盐碱化有非常好的作用。在恶劣的环境中生长，能耐寒、耐旱，不挑剔土壤，即使在西北荒漠地区也能存活，也能防沙固土，是一种很不错的绿化植物，还能做护坡用，对于环境有着很大的好处。

2. 饲用价值

披碱草的营养价值比较高，富含蛋白质以及微量元素，其干草营养成分为水分 10.49%、粗蛋白质 7.45%、粗脂肪 2.78%、粗纤维 39.68%、无氮浸出物 33.79%、灰分 5.91%。能直接用来放牧，或者是做青饲和干草，适合用来养殖牲畜，能产生一定的经济价值，市场前景非常不错。

披碱草开花后迅速衰老，茎秆较粗硬，适口性不如其他禾本科牧草。但在孕穗到始花期刈割，质地则较柔嫩，青绿多汁，青饲、青贮或调制干草，均为家畜喜食。其再生草用于放牧，饲用价值也高，一般每亩干草产量为 200～400 千克，有灌溉条件时可达 500 千克。结实性好，每亩产种子 60 千克左右，其鲜草、干草的营养成分都较丰富。主要供晒制干草，宜在抽穗及开花期刈割，每年刈割一两次，每公顷产干草 1 500～3 800 千克，可维持高产 4 年左右。

3. 观赏价值

披碱草还具有非常不错的观赏价值，因为它的叶片比较茂密，属于簇生的，所以可以种植在道路旁，或者小区里面，可起到非常好的观赏作用。

第二节　披碱草的特征特性

一、植物学特性

多年生丛生草本植物。秆疏丛，直立，高 70～140 厘米，基部膝曲。叶鞘光滑无毛。叶片扁平，稀可内卷，上面粗糙，下面光滑，有时呈粉绿色，长 15～25 厘米，宽 5～12 毫米。

穗状花序直立，较紧密，长 14～18 厘米，宽 5～10 毫米。穗轴边缘具小纤毛，中部各节具 2 小穗而接近顶端和基部各节只具 1 小穗；小穗绿色，成熟后变为草黄色，长 10～15 毫米，含 3～5 小花。颖披针形或线状披针形，长 8～10 毫米，先端长达 5 毫米的短芒，有 3～5 条明显而粗糙的脉。外稃披针形，上部具 5 条明显的脉，全部密生短小糙毛，第一外稃长 9 毫米，先端延伸成芒，芒粗糙，长 10～20 毫米，成熟后向外展开。内稃与外稃等长，先端截平，脊上具纤毛，至基部渐不明显，脊间被稀少短毛。

二、生物学特性

披碱草适应性广，抗逆性强，耐寒、耐旱、耐碱、抗风沙，最低温－40 ℃左右的情况下，均能安全越冬。披碱草的抗旱力也很强，即使土层5～25厘米含水量仅有5%时仍能生长，这充分说明它是比较抗旱的牧草。虽然披碱草幼苗期抗旱能力稍差，但与垂穗披碱草、老芒麦相比，其幼苗抗旱能力依次是披碱草＞垂穗披碱草≥老芒麦。披碱草对土壤选择不严，各种土壤均能生长，尤其对碱性土壤有较强的适应性，在土壤pH为7.6～8.7的范围内，生长发育良好。幼苗在pH为5～10的营养液中能生长，但不适合在pH 4以下的酸性土壤中生长。披碱草还耐风沙吹打，在多风沙地区种植能保苗全，就是在风口处种植也可正常出苗和生长。

第三节　披碱草的主要栽培技术

一、播前准备

整地　播种前必须充分整地，疏松表土，保蓄水分，为播种和种子发芽创造条件，深耕18～22厘米，并及时耙地和镇压。

施肥　披碱草为多年生牧草，需施足底肥。一般每亩施优质厩肥1 500～2 000千克。瘠薄地要增加施肥量，每亩施肥2 500～3 000千克。为了促进幼苗旺盛生长，可用硝酸铵或硫酸铵做种肥，每亩施 5～7.5 千克。

二、播种

播前清选种子，机播种需先用脱芒器脱芒，轻微碾压断芒后才能播种。春、夏、秋三季均可播种。北方春播于 4 月下旬或 5 月上旬播种。夏播的适宜时期是在播后有 80～90 天的生长期，使幼苗达到分蘖拔节的时期为好。内蒙古夏播为 6 月中旬或 7 月上旬，华北和西北为 5 月下旬或 6 月上旬。播种过晚根系和越冬芽发育不良，降低越冬率。条播距为 15～30 厘米，每亩播种量 1～2 千克。

三、田间管理

披碱草苗期不耐杂草，可在分蘖前后除草一次。拔节期进行第一次中耕，灭草松土，促进幼苗迅速生长。如果幼苗干旱缺肥，可适量追肥和灌水一次。第二年以后，可根据杂草发生和土壤板结情况，及时中耕除草和松土 1～2 次，并及时补种缺苗。披碱草易感染锈病，发病时叶、茎和颖上产生红褐色粉末状疮斑，后期病斑变黑，植株逐渐枯死。防治锈病可用敌锈钠、石硫合剂、代森锌等化学药物。

四、收获

披碱草每年刈割 1～2 次。在生育期较短、气候干燥，土壤贫瘠的地方，一年只能刈割 1 次；在生育期较短，气候温暖湿润，管理水平较高的地方，一年可刈割 2 次。刈割 1 次者在抽穗至开花期刈割，每亩产干草 50～250 千克；刈割 2 次者，第一次在孕穗至抽穗期刈割，第二次在第一次刈割后 34～40 天，每亩产干草 250～300 千克。披碱草的利用期为 4～5 年，其中以第二、第三年长势最好，产量最高。第四年以后生长逐渐减弱，产量下降，要及时更新。

采种要在穗头变黄、茎秆仍为绿色时收获。可以割全株或割下穗头，晒干后脱粒。通常每亩收种 60 千克左右。

参考文献

1. 披碱草. 植物智[引用日期 2019-12-19].
2. 李发彬. 披碱草的栽培技术[J]. 当代畜禽养殖业，1993(2)：8-9.
3. 张勇. 披碱草的栽培和利用[J]. 农业知识，2003(22).

第七章 冰　草

第一节 概　述

冰草

一、起源与分布

冰草[*Agropyron cristatum* (L.) Gaertn.]是禾本科冰草属多年生草本植物，它的原产地在非洲南部纳米比亚等地，广泛分布于欧亚大陆及中亚的高原沙地。在我国主要分布在黑龙江、吉林、辽宁、河北、山西、陕西、甘肃、青海、新疆和内蒙古等省(自治区)干旱草原地带。在国外分布在欧洲、俄罗斯的西伯利亚及中亚地区和蒙古国。

冰草抗寒、抗旱性强，适应半潮湿到干旱的气候，生长在干旱草原或荒漠草原，适合种植在干燥草地、山坡、丘陵以及沙地。天然生冰草很少形成单纯的植被，常与其他禾本科草、苔草、非禾本科植物以及灌木混生。

二、主要变种

1. 多花冰草

多花冰草[*Agropyroncristatum* (L.) Gaertnl. varl. *pluriflorum* H. L. Yang]该变种的花序显然粗壮、长而宽大，呈卵状披针形，最宽处为 2～2.5 厘米。小穗含 9～11 小花，长 8～18 毫米，与原变种有明显区别。分布于中国内蒙古(锡林郭勒盟)。生长在草原、撂荒地。

2. 光穗冰草

光穗冰草[*Agropyron cristatum* (L.) Gaertnl. varl. *pectinatum* (Ml. Bieb.) Roshevl. ex Bl. Fedtsch.]该变种的主要特征在于颖与外稃全部平滑无毛或疏被 0.1～0.2 毫米的短刺毛。分布在中国东北西部、内蒙古、河北、青海、新疆等省(自治区)。生长在干旱地区的山坡上。

三、主要价值与利用

为优良牧草，青鲜时马和羊最喜食，牛与骆驼亦喜食，营养价值很高，是中等催肥饲料。由于品质好，营养丰富，适口性好，各种家畜均喜食。又因返青早，能较早地为放牧家畜提供青饲料。它特别具备抗旱、耐寒、耐牧以及产种子较多等特性，在放牧地补播和建立旱地人工草地中具有重要的作用。冰草草质柔软，用冰草饲喂反刍家畜，消化率和可消化养分也较高。在干旱草原区，它是一种优良天然牧草。其种子产量高，易于收集，发芽力颇强。因此，不少地方已引种栽培，并成为重要的栽培牧草，既可放牧又可割草。单种或与豆科牧草混种，每公顷可产干草1 500千克，高者可产1 999千克。冬季枝叶不易脱落，仍可放牧。

1. 放牧

在半干旱和干旱地区，植株偏低，株高仅40～60厘米，叶量少，占地上部总重量的30%。用以调制干草不经济，所以多以放牧为主，调制干草为辅，或勉强利用头茬草作干草或青饲，利用其再生草放牧。

2. 调制干草

在抽穗至开花期刈割，由于耐寒性强，春季返青早，秋末、冬初枯黄迟，所以利用期可适当提早和推迟。单积或与豆科牧草混种，每公顷可产干草1 500千克，高者可产1 999.5千克。

第二节　冰草的特征特性

一、植物学特性

多年生，秆成疏丛，上部紧接花序部分，被短柔毛或无毛，高20～60(75)厘米，有时分蘖横走或下伸成长达10厘米的根茎。叶片长5～15(20)厘米，宽2～5毫米，质较硬而粗糙，常内卷，上面叶脉强烈隆起成纵沟，脉上密被微小短硬毛。

穗状花序较粗壮，矩圆形或两端微窄，长2～6厘米，宽8～15毫米。小穗紧密平行排列成两行，整齐排列，含(3)5～7小花，长6～9(12)毫米。颖舟形，脊上连同背部脉间被长柔毛，第一颖长2～3毫米，第二颖长3～4毫米，具略短于颖体的芒。外稃被有稠密的长柔毛或显著地被稀疏柔毛，顶端具短芒，长2～4毫米。内稃脊上具短小刺毛。

二、生物学特性

冰草适应半潮湿到干旱的气候,生长在干旱草原或荒漠草原。全世界冰草有100～150种,大多数种适应半潮湿到干旱的气候,生长于干旱草原与荒漠草原。又因返青早,能较早地为放牧家畜提供青饲料。天然生冰草很少形成单纯的植被,常与其他禾本科草、苔草、非禾本科植物以及灌木混生。生长于干燥草地、山坡、丘陵以及沙地。冰草特别具备抗旱、耐寒、耐牧以及产子较多的特性,在放牧地补播和建立旱地人工草地具有重要作用。由于冰草的根为须状,具有密生和入土较深特性,因此,它还是一种良好的水土保持植物和固沙植物。多数为异花授粉多倍体,通常分为直立型和根茎型两类。除少数根茎特别发达的种外,冰草的结实性好,种子的产量和质量都高。

第三节　冰草的主要栽培技术

一、播前准备

1. 除草

种子田预先消灭杂草,不得使杂草籽落入田内,一旦有单子叶杂草滋生浇水后应及时防除。双子叶杂草,可喷施2,4-D丁酯或二甲四氯防除。

2. 种子处理

将种子摊晒于干净的水泥地面，厚度适中，每天上下翻晒 3～4 次，暴晒 3～4 天后进行播种。

二、播种

1. 播种期

播种期可选择春播和秋播。一般采用春播，地温稳定在 10 ℃以上时进行播种。秋播 8 月上旬至 8 月下旬，时间一般最迟不能超过初霜前 40 天，保证牧草在初霜前生长到 5 片叶子。此时温度适宜，土壤墒情好，杂草长势弱，易于出苗、保全苗。

2. 播种方法

采用机械条播，行距 30 厘米，播种深度 3～5 厘米。

3. 播种量

根据发芽率和土壤墒情确定播种量，条播量为 10～15 千克/公顷。

4. 施种肥

种肥为磷酸二铵 50～75 千克/公顷，带肥下种，肥料不得与种子混合，分箱放置，肥料施在种子侧下方，种、肥之间有隔离土，防止种肥直接接触种子，施肥深度 8～10 厘米。

三、田间管理

水分管理　种子生产可采用滴灌或喷灌。第二年注重浇返青水，返青后的第一次灌水对冰草生长发育非常关键，特别对种子产量的影响较大。另外要根据牧草的需水情况在拔节期、抽穗期、开花期适时浇水，灌水量 600～800 米^3/公顷。冬灌对植株安全越冬和第二年返青非常有利，尤其对春季倒春寒危害有很好的预防作用，但是灌水量也不可过多，一般为 700～900 米^3/公顷。

中期除草　在冰草返青期每亩用 72% 2,4-D 丁酯乳油 40～50 毫升，加水 25～30 千克均匀喷雾。在冰草分蘖末期至拔节前，每亩用 20% 二甲四氯钠水剂 250～300 毫升，对水 25～35 千克喷雾。

追肥　滴灌追施尿素 150～225 千克/公顷，均分于苗期、拔节期和抽穗期。

参考文献

1. 冰草. 植物智[引用日期 2019-12-19].

2. 冰草属. 植物智[引用日期 2019-12-19].

3. 梁维维，贾纳提，麦丽亚·依热斯别克. 新疆北疆冰草种子生产技术规程[J]. 草食家畜，2016(3)：53-56.

第八章　羊　　草

第一节　概　　述

羊草

一、起源与分布

羊草别名碱草，是禾本科赖草属多年生植物。欧亚大陆草原区东部是羊草的起源地和地理分布中心。羊草为草甸草原及干草原上的重要建群种之一，在植物区系地理成分上属于达乌里—蒙古国中旱生或广旱生草原种。生态幅度比较广泛，自然分布于北纬36°～62°，东经92°～132°。栽培羊草的起源地就在中国，其种质资源来自松嫩平原的肇东野生羊草，历经栽培繁衍，延续至今，并由此选育出了一批羊草优良新品种。目前，我国东北三省和内蒙古自治区羊草种植面积最大，羊草草原面积占羊草总面积的一半左右，为其分布中心，其他省、自治区也陆续扩大种植面积。全国人工种植羊草面积到20世纪末约在150万公顷以上，已成为建立永久性人工草地的当家草种。俄罗斯、蒙古国、朝鲜等国家也有分布。

二、主要价值及利用

饲用价值

羊草为中国内蒙古东部和东北西部天然草场上的重要牧草之一，不但分布广泛，耐践踏，耐放牧，而且草的产量高、营养丰富。绵羊、山羊十分喜食，几乎所有家畜，甚至老鼠、蝗虫等也都喜食。羊草叶量多、营养丰富、适口性好，有“牲口的细粮”之美称。用羊草喂牲口，就是不喂料也上膘。花期前粗蛋白质含量一般占干物质的11%以上，分蘖期高达18.53%，且矿物质、胡萝卜素含量丰富。每千克干物质中含胡萝卜素49.5～85.87毫克。羊草调制成干草后，粗蛋白质含量仍能保持在10%左右，且气味芳香、适口性好、耐贮藏。羊草产量高，增产潜力大，在良好的管理条件下，一般每公顷产干草3 000～7 500千克，产种子150～375千克。

(1)放牧使用　4月中旬株高达30厘米左右后开始放牧，到6月上中旬抽穗后，质地粗硬，适口性降低，应停止放牧。通常以放牧羊、牛、马为主，幼嫩时期尚可放牧猪和鹅。要划区轮牧，严防过重放牧。每次放牧至吃去总产量的1/3左右即可。也可在冬季利用枯草放牧牛、羊、马。

(2)调制干草　在孕穗至开花初期，根部养分蓄积量较多的时期刈割。割后晾晒，1天后，先堆成疏松的小堆，使之慢慢阴干，待含水量降至16%左右，即可集成大堆，准备运回贮藏。绿色的羊草干草，1头奶牛日喂量可达15～20千克。切短喂或整株喂效果均好。羊草干草也可制成草粉或草颗粒、草块、草砖、草饼，供作商品饲草。

除做饲草外，羊草根茎穿透侵占能力很强，且能形成强大的根网，盘结固持土壤能力强，是很好的水土保持植物。另外，羊草的茎秆也是很好的造纸原料。

第二节　羊草的特征特性

一、植物学特性

羊草多年生，具下伸或横走根茎。须根具沙套。秆散生，直立，高40～90厘米，具4～5节。叶鞘光滑，基部残留叶鞘呈纤维状，枯黄色。叶舌截平，顶具裂齿，纸质，长0.5～1毫米。叶片长7～18厘米，宽3～6毫米，扁平或内卷，上面及边缘粗糙，下面较平滑。

穗状花序顶生，直立，穗轴边缘具纤毛，其节间长6～10毫米，最基部节间长可达18毫米。穗轴每节具孪生或单生小穗，小穗长1～2厘米，含5～10小花，小穗轴节间长1～1.5毫米；颖锥状，不覆盖小穗，而外稃基部裸露，具1脉，第一颖略短于第二颖；外稃披针形，光滑，第一外稃长8～11毫米；内稃略长于外稃；雄蕊3枚，花药长3～4毫米；子房上部具柔毛，花柱2裂，柱头羽状；鳞片2枚，上部边缘具波状缺刻，先端具疏柔毛。颖果长椭圆形，长5～7毫米，深褐色；种子细小，千粒重2克左右。花、果期6—8月。

二、生物学特性

羊草生长于平原绿洲地带，耐寒、耐旱、耐碱，更耐牛马践踏，为旱生或旱中生禾草。在年降水量250毫米的干旱地区生长良好，但最适宜在年降水量400～600毫米的地区种植。不耐涝，长期积水会大量死亡。耐寒性强，在冬季极端气温－42 ℃而又少雪的地方都能安全越冬。早春返青期和晚秋上冻前，能忍受－6～－5 ℃的霜冻。对土壤要求不严，在 pH 为 5.5～9.4 时皆可生长，适宜 pH 为 6～8。

第三节　羊草的主要栽培技术

一、播前准备

1 选地整地

羊草选地不严，除贫瘠的岗坡和低洼内涝地外，均可种植，但以排水良好、土层深厚、有机质多的土壤和沙质壤土为最好。过牧退化草原和退耕还牧地也适合种羊草。羊草苗期生长缓慢，所以要求种床土壤深厚细碎，墒情适宜。为此，需在播种前 1 年秋季深翻、耙耱和镇压。第二年春播前仍需耙耱，以破碎土块和平整地面。夏播地可在播种前 1 个月再行耙翻和耙耱。在盐碱地种植羊草，应注意暗碱和地面碱化程度，一般改良后方可种植。羊草利用年限长，生长快，产量高，需肥多，必须施足基肥和及时追肥。羊草需氮肥较多，无论是基肥还是追肥，都要以氮肥为主。基肥用有机肥 3 500～4 500 千克/公顷或磷酸二铵 200 千克/公顷。播种时施尿素 150 千克/公顷作种肥。

2. 种子处理

羊草种子成熟不一，发芽率较低，又多杂质，播前必须严加清选。此外，用低温浸种 20 天,可有效提高羊草种子的发芽率。

二、播种

1. 播种期

羊草春、夏、秋均可播种,北方夏播在 4 月下旬至 6 月上旬,出苗后能保证有 80～90 天的生育期播种为宜。

2. 播种量

羊草种子出芽率低,顶土能力较弱,因此播种量相对要多一些,通常控制在每亩 2.5～2.8 千克。

3. 播种方式

条播行距 30 厘米,覆土厚度 2～3 厘米,播后镇压。羊草也可用根茎种植,方法是将羊草根茎切分成 5～10 厘米的小段,每小段保留 2～3 个节,按一定行、株距埋入已开好的播种沟内。该法成活率高,生长快,当年见效,也是建立羊草草地的有效途径。

三、田间管理

1. 中耕除草

羊草播种后 10～15 天萌发出土,且苗期生长缓慢,最易被杂草抑制。因此应加强管理,及时防除杂草。当羊草具有 2～3 片叶子时,中耕可消灭杂草 90%以上。生育后期还要割除大杂草,以免遭受草害,获得草层厚密、产草量高的效果。

2. 水肥管理

追肥在返青后到快速生长时进行,以氮肥为主,适当搭配磷、钾肥。盐碱地增施磷肥,对提高羊草产量和品质有很大作用。施尿素 75～150 千克/公顷,可使羊草增产 25%～95%;钾肥要在土壤中缺少而影响牧草生长的情况下追施,可用硫酸钾 70 千克/公顷。在土壤缺钙的地方可施用重过磷酸钙。在施入磷酸二铵的地方当年氮肥追施量应适当减少或可不施。追肥后应立即灌水。灌溉要根据气候条件每年进行 2～4 次,每次灌水 450～675 $米^3$/公顷。

3. 翻耙

在永久性羊草草地上,由于根茎越来越多,根茎层也越来越厚,通透不良,株数减少,株高变矮,产量逐年下降。所以一般每隔 5～6 年翻耙更新 1 次,方法是在早春越冬芽尚未萌动时，用犁先浅耕 8～10 厘米，其次用圆盘耙斜向耙地 2 次，最后用 V 形镇压器镇压。但在土壤干旱、沙化、碱化较重和豆科牧草占优势的羊草草地，一般不宜采用。

四、病虫防治

羊草病害主要有锈病、线虫病。锈病可用敌锈钠、代森锌、福美锌等药剂喷施。发生线虫病时要及时翻耕，改种不感染线虫的其他牧草。虫害主要有黏虫、土蝗、飞蝗、蚱蜢等。害虫应及早发现，构成危害前采用高效氯氰菊酯防治即可。

参考文献

1. 羊草. 植物智[引用日期 2019-12-19].

2. 任晓慧，王健，麻小凤. 羊草的丰产栽培及利用技术[J]. 畜牧兽医杂志，2018(2):81-82,84.

第九章　早　熟　禾

第一节　概　　述

早熟禾

一、起源与分布

目前，世界范围内研究较多的有草地早熟禾和一年生早熟禾，还有其他种的早熟禾，如冷地早熟禾、硬质早熟禾、加拿大早熟禾等。草地早熟禾原产于欧洲、亚洲北部和非洲北部，现在遍布全球的温带和部分寒地地区。它喜光耐阴，抗寒性强，比其他冷季型牧草更耐低牧和频繁刈割，绿期长，颜色光亮鲜绿，草质柔软，耐践踏，能形成稠密的草皮，常用于草坪或绿地的建植中作为草坪草使用和培育。

二、主要变种

爬地早熟禾（*Poa annua* L. var. *reptans Hausskn.*）与早熟禾区别，为植株下部各节生根而具有发达的匍匐茎。分布于中国云南（丽江）。生长在海拔 2 000～3 000 米的山坡草地。

三、主要价值与利用

1. 饲用价值

早熟禾是一种重要的放牧型禾本科牧草。因为它的青绿期比较长，而且耐践踏、营养价值高，所以比较受牧民的欢迎。早熟禾营养价值较高，经分析，其干草中水分占 7.8%、粗蛋白质 10.8%、粗脂肪 4.3%、无氮浸出物 45.6%、粗纤维 25.1%、粗灰分 6.4%。在种子乳熟、青草期，马、牛、羊喜食；成熟后期，上部茎叶牛、羊仍喜食；夏、秋青草期是牦牛、藏羊、山羊的抓膘草；干草为家畜补饲料，也是猪、禽良好的饲料。也可以给小型鹦鹉如虎皮鹦鹉、牡丹鹦鹉等吃，但是不能作为主饲料。

2.生态价值

早熟禾作为一种常见于温带地区的优质冷季草坪草,其园林价值主要体现在它的草坪绿化方面。早熟禾可以迅速地生长成草坪,装饰性很强,是北方草坪草中最主要的草种,经常可见它被用于铺建绿化运动场、高尔夫球场、公园、路旁、水坝等。

第二节　早熟禾的特征特性

一、植物学特性

一年生或冬性禾草。秆直立或倾斜,质软,高6～30厘米,全体平滑无毛。叶鞘稍压扁,中部以下闭合。叶舌长1～3(5)毫米,圆头。叶片扁平或对折,长2～12厘米,宽1～4毫米,质地柔软,常有横脉纹,顶端急尖呈船形,边缘微粗糙。

圆锥花序宽卵形,长3～7厘米,开展。分枝1～3枚着生各节,平滑。小穗卵形,含3～5小花,长3～6毫米,绿色。颖质薄,具宽膜质边缘,顶端钝,第一颖披针形,长1.5～2(3)毫米,具1脉,第二颖长2～3(4)毫米,具3脉。外稃卵圆形,顶端与边缘宽膜质,具明显的5脉,脊与边脉下部具柔毛,间脉近基部有柔毛,基盘无绵毛,第一外稃长3～4毫米。内稃与外稃近等长,两脊密生丝状毛。花药黄色,长0.6～0.8毫米。颖果纺锤形,长约2毫米。花期4—5月,果期6—7月。

二、生物学特性

早熟禾适宜在寒冷、湿润、阴凉地区种植。喜凉爽气候，抗寒性强，而耐热性较差，在酷热干燥的夏季生长不良，茎叶变红。喜湿润气候，由于根系入土浅，即使在潮湿、排水不良的土壤也生长良好，但不耐干旱。喜生于土层厚、湿润而肥沃的黏土，但在疏松瘠薄的沙壤地生长不良。常生于海拔100～4 800米的平原和丘陵的路旁草地、田野水沟或荫蔽荒坡湿地。

第三节 早熟禾的主要栽培技术

一、播前准备

1. 整地

早熟禾与早熟禾属的其他草种一样，要求有良好的整地质量。整地可采用人工作业或机械操作两种形式，包括破碎根茬、疏松表土、清除杂草、深耕土壤等程序，并挖土翻地，挖土深度为30厘米，捣碎土块，最大土块不能大于1厘米，用细齿耙刨平。挖土翻地时，需将砖石、瓦块、碎玻璃渣、草根等杂物全部清除，达到地平土碎状态。

2. 施基肥

早熟禾属一次种植多年利用，所以必须有充足的底肥，贫瘠的沙质地和盐碱地要多施肥。一般市区绿化，多用含氮丰富的肥料，以促进分蘖，其颜色常绿，可以增强绿化效果。

二、播种

1. 播期

温暖地区春、夏、秋季都可播，秋播最宜。春播宜早，以备越夏及避免与杂草竞争。高寒区春播4—5月为宜、秋播7月为宜。中国佳木斯市气候适于4月下旬抢墒播种，对出苗保苗都有利，如果迟至5月下旬播种，时逢春旱，种子不易按时发芽出苗，常出现烂子、芽干，即使出苗也易受杂草为害，不易抓苗。因而晚春播种不如早夏播，夏播一般在入夏雨季到来时进行，播种前注意除杂草。

2. 播种方式及播种量

在良好整地的基础上条播，行距 15～30 厘米，每公顷播种量为 15～18 千克，均匀播种，浅覆土，播后镇压 1～2 次。

三、田间管理

1. 水分管理

浇水始终遵循“不干不浇，浇则浇透”的原则，忌介质水分过多，保持介质的干燥非常重要，生长初期可以适当多给水分，但在出苗 1 周左右宜保持干燥，夏季气温高，土壤水分蒸发快，应多浇勤浇，土干必浇，避免草籽缺水死亡。

2. 追肥

早熟禾追肥以速效化学肥料为主，如硝酸铵、尿酸、碳酸氢铵等。追肥的原则是少施、勤施，以尿素为例，适宜的施用量为每次每公顷 75～90 千克，超过 150 千克就有烧叶伤根的危险。

3. 除草

在杂草幼小期喷洒 2，4-D 类除草剂，以消灭蒿类等阔叶杂草，并注意中耕除草。

4. 修剪

修剪是管理与养护中重要的技术措施之一，对保证草坪植物有旺盛的生命力、良好的覆盖度、最佳的绿化观赏效果和充分发挥草坪的效用有重要意义。上一年未经修剪的草坪，第二年返青时覆盖度 10%；上一年经 5 次修剪的覆盖度达 70%，一定范围内修剪次数与枝叶密度成正比，同时还能抑制杂草入侵。

四、病虫害防治

早熟禾常见的病虫害有叶斑病、锈病、草地螟。叶斑病预防药剂为 20% 硅唑咪鲜胺 20 毫升或 41% 聚砹嘧霉胺 25 毫升，对水 15 千克，7～10 天喷雾一次。锈病一般于发病初期用粉锈宁可湿性粉剂喷施叶面。草地螟可用 90% 敌百虫结晶 1 000 倍液（加入少量碱面），或 25% 鱼藤精乳油 800 倍液喷雾。

参考文献

1. 中国科学院中国植物志编辑委员会. 中国植物志，第 9(2)卷[M]. 北京：科学出版社，2002.

2. 姚璇. 早熟禾栽培技术[J]. 现代化农业，2015(11)：33-34.

3. 刘昭文，杨凯，郭小华，等. 火焰原子吸收光谱法测定早熟禾中多种微量元素[J]. 广东微量元素科学，2015(4)：35.

第十章 赖 草

第一节 概 述

赖草

一、分布

赖草[*Leymus secalinus* (Georgi) Tzvel.]是禾本科赖草属多年生草本植物，又称冰草、厚穗赖草、滨草、老披碱，为中旱生植物，然而适应幅度相当广泛，从暖温带、中温带的森林草原到干草原、荒漠草原、草原化荒漠，以至于 4 500 米以上的高寒地带都有分布。主要分布于新疆、内蒙古、甘肃、青海、陕西等省(自治区)。俄罗斯、朝鲜、日本也有分布。在内蒙古干草原地带的低平滩地、河谷、湖滨低洼的盐渍化草甸土壤上，它常与碱蓬、披碱草、灰藜、猪毛草等组成盐生草甸。

二、主要价值

1. 药用价值

根茎或全草入药。根茎味苦，性微寒。有清热利湿，止血之功效。主治感冒、淋病、赤白带下、哮喘、鼻出血、痰中带血。内服用量 25～50 克。

2. 饲用价值

赖草幼嫩时为山羊、绵羊喜食，夏季适口性降低，秋季又见提高，可作为牲畜的抓膘牧草。牛、骆驼终年喜食。在自然状态下，叶量较少而质地粗糙，丛生性差，产量低。结实率低，采种困难。水肥条件稍好时能生长茂盛，是中等品质的饲用植物。

第二节　赖草的特征特性

一、植物学特性

多年生草本，具下伸和横走的根茎。秆单生或丛生，直立，高40～100厘米，具3～5节，光滑无毛或在花序下密被柔毛。叶鞘光滑无毛，或在幼嫩时边缘具纤毛。叶舌膜质，截平，长1～1.5毫米。叶片长8～30厘米，宽4～7毫米，扁平或内卷，上面及边缘粗糙或具短柔毛，下面平滑或微粗糙。

穗状花序直立，长10～15(24)厘米，宽10～17毫米，灰绿色。穗轴被短柔毛，节与边缘被长柔毛，节间长3～7毫米，基部者长达20毫米。小穗(1)2～3(4)生于穗轴每节，长10～20毫米，含4～7(10)个小花。小穗轴节间长1～1.5毫米，贴生短毛。颖短于小穗，线状披针形，先端狭窄如芒，不覆盖第一外稃的基部，具不明显的3脉，上半部粗糙，边缘具纤毛，第一颖短于第二颖，长8～15毫米。外稃披针形，边缘膜质，先端渐尖或具长1～3毫米的芒，背具5脉，被短柔毛或上半部无毛，基盘具长约1毫米的柔毛，第一外稃长8～10(14)毫米。内稃与外稃等长，先端常微2裂，脊的上半部具纤毛。花药长3.5～4毫米。花、果期6—10月。

二、生物学特性

春季萌发早，一般在3月底到4月初返青，5月下旬抽穗，6—7月开花，7—8月种子成热。其生长形态随环境而变化较大。在干旱或盐渍较重的生境，生长低矮，有时仅有3～4片基生叶，而生长在水分条件较好，盐渍化程度较轻的地（河谷冲积平原荒地或水渠边沿），能生长成繁茂的株丛，并以强壮的根茎迅速繁衍，成为独立的优势群落，叶层可高达30～40厘米，能正常抽穗、开花，但结实较差，许多小花不育，故采种较困难。赖草为中旱生植物，然而适应幅度相当广泛，从暖温带、中温带的森林草原到干草原、荒漠草原、草原化荒漠，以至4 500米以上的高寒地带都有分布。既稍喜湿润，又颇耐干旱，能适应轻度盐渍化的生境，比同属羊草就温度和土壤因子而言，有更为广泛的生境适应性。在内蒙古干草原地带的低平滩地、河谷、湖滨低洼的盐渍化草甸土壤上，它常与碱蓬、披碱草，灰藜、猪毛草等组成盐生草甸。适于赖草生长的土壤广泛，沙质、沙壤质、壤质，栗钙土、淡栗钙土、灰钙土、淡灰钙土、灰漠土、盐渍化草甸土等土质均可分布。

第三节　赖草的主要栽培技术

一、播种前准备

1. 选地

选择排水良好、土层深厚、中性或微碱性沙壤土或壤土地块。

2. 整地

翻耕前清除杂草、石块等杂物，耕地深度应在25厘米左右，耕后耙平，要求地面平整均匀，土块细碎均匀，无根茬，耕层达到上虚下实。春旱地区利用荒废地种植赖草时，土壤要秋翻，以防失水跑墒。有灌溉条件的地方，翻后应灌足底墒水，以保证发芽出苗良好。

3. 施基肥

播种前应结合整地施用基肥，以厩肥为主，有机肥施用量1 000～1 500千克/亩。

二、播种

条播、撒播和穴播均可，条播行距30～60厘米。播种深度沙性土壤不超过

3厘米,黏性土壤不超过2厘米。

三、田间管理

1. 中耕除草

播种当年应注意防除杂草,苗期结合中耕进行除草。当生长到2～3片叶片时除草效果最好。杂草防除方法包括人工除草、农业防治和化学防治等。

2. 水肥管理

种子播种后适当镇压,根茎种植后立即灌水1～2次,灌溉方式喷灌、漫灌均可,返青水和越冬水要浇,其余可根据旱情和刈割后长势灌水1～2次。在拔节或孕穗期追施氮肥2～3千克/亩。

四、收获

赖草最佳刈割时期为开花期。越冬前最后一次刈割时间应控制在停止生长或霜冻来临前的45天。春播赖草当年可刈割1次,从第2年开始每年可刈割2次,有灌溉条件的地区可刈割3次。刈割留茬高度4～5厘米,越冬前最后一次刈割留茬7～8厘米。

参考文献

1. 小麦族. 植物智[引用日期2019-12-19].

2. 赖草. 植物智[引用日期2019-12-19].

3. 朱有昌. 东北药用植物[M]. 哈尔滨:黑龙江科学技术出版社,1989.

4. 辛存岳,郭青云,耿贵工. 大黄田赖草的生物学特性、危害与防治[J]. 中国农学通报,2008(9):335-338.

5. DB 14/T 1406—2017,赖草栽培技术规程[S].

第十一章　苏　丹　草

第一节　概　　述

苏丹草

一、起源与分布

苏丹草[*Sorghum sudanense*（Piper）Stapf.]是禾本科高粱属一年生草本植物，别名野高粱。起源于非洲北部的苏丹高原地区，故名苏丹草。在非洲东北部、尼罗河流域上游、埃及境内均有野生苏丹草自然分布。现在，欧洲、南北美洲和亚洲种植苏丹草比较普遍，几乎世界各国均有引种栽培。在中国苏丹草栽培有几十年的历史，在 1930 年前后中国从苏联或印度引入，当时在华北农村就有种植。其栽培种的起源地与野生种的地理分布中心和演化中心是一致的。

目前，我国东北、华北、西北以及南方热带、亚热带地区都有苏丹草栽培，是我国养殖业中广泛应用的一种重要优质、高产饲用作物。尤其是自 20 世纪 80 年代以来，对发展我国长江中下游的湖北、江苏等 11 省（自治区）的淡水养鱼起了重要作用。在渔业生产中它是夏季栽培面积最大的一种饲饵，素有“养鱼青饲料之王”的美誉。只在安徽一省，苏丹草种植面积占夏季鱼草面积的 70%以上。随着全国畜牧业及农区渔禽业的发展，苏丹草的种植面积将会越来越大，在生产中发挥更大的作用。

二、主要价值与利用

苏丹草是高产优质的牧草，含有丰富的营养物质。营养期粗脂肪和无氮浸出物较高，抽穗期的粗蛋白质含量较高，粗蛋白质中各类氨基酸含量也很丰富。适于调制干草，也可供夏季放牧，尤以雨水较少，气温较高地区为宜，适合喂鱼，牛、马、羊、猪皆食，还可调制成优良青贮料。苏丹草株高茎细，柔软多汁，再生性强，产草量高，在华中地区每亩可产鲜草 600～800 千克，每亩苏丹草可生产鱼肉 400 千克以上，养鱼效益非常高。

1. 放牧利用

苏丹草地可供牛、羊、猪、马等家畜放牧采食，无患膨胀病之虑。一般第一次放牧在拔节初期，第二次在孕穗期，第三次在抽穗期，第四次在霜前或霜后，至全部吃完。

2. 青刈青饲

苏丹草作为马、牛、羊、猪、兔及鱼类的优质青绿多汁饲料，可分期刈割饲用。一般株高 50～70 厘米时可第一次刈割，以后每隔 20～30 天刈割 1 次。若用苏丹草幼嫩鲜草喂猪，可占日粮(1/3)～(1/2)，以打浆或粉碎喂给。养牛每天每头需喂 30～40 千克鲜草。羊、兔可以整喂或切短喂给。喂鱼时，将鲜草粉碎后喂给，效果更佳。

第二节　苏丹草的特征特性

一、植物学特征

一年生草本。须根粗壮。秆较细，高 1～2.5 米，直径 3～6 毫米，单生或自基部发出数至多秆而丛生。叶鞘基部长于节间，上部短于节间，无毛，或基部及鞘口具柔毛。叶舌硬膜质，棕褐色，顶端具毛。叶片线形或线状披针形，长 15～30 厘米，宽 1～3 厘米，向先端渐狭而尖锐，中部以下逐渐收狭，上面青绿色或嵌有紫褐色的斑块，背面淡绿色，中脉粗，在背面隆起，两面无毛。

圆锥花序狭长卵形至塔形，较疏松，长 15～30 厘米，宽 6～12 厘米，主轴具棱，

棱间具浅沟槽,分枝斜升,开展,细弱而弯曲,具小刺毛而微粗糙,下部的分枝长7～12厘米,上部较短,每一分枝具2～5节,具微毛。颖果椭圆形至倒卵状椭圆形,长3.5～4.5毫米。有柄小穗宿存,雄性或有时为中性,长5.5～8毫米,绿黄色至紫褐色。稃体透明膜质,无芒。花、果期7—9月。

二、生物学特性

苏丹草喜温,为春性发育型禾草,在气候温暖雨水充沛的地区生长最繁茂。种子发芽最适温度20～30℃,最低温度8～10℃,在适宜条件下,播后4～5天即可萌发,7～8天全苗。播后5～6周,当出现5片叶子时,开始分蘖,生长速度增快,出苗后80～90天开始开花。刈割高度与再生能力有直接关系,一般留茬高度以7～8厘米为宜。生育积温2 200～3 000℃,在温度12～13℃时几乎停止生长。幼苗低于3～4℃时往往遭冻伤,甚至死亡。

该草对土壤要求不严,在弱酸和轻度盐渍土壤能生长,但过于湿润、排水不良或过酸过碱地的土壤上生长不良。在黑钙土、暗栗钙土上生长良好,其前作最好是多年生豆科牧草或多年生混播牧草。

第三节　苏丹草的主要栽培技术

一、播种前准备

1. 整地

苏丹草根系发达,在整个生长期,要从土壤中吸收大量的养分,可在播种前一年深翻耕。在干旱地区和盐碱土地带,为减少土壤水分蒸发和防止碱化,也可进行条松或不翻动土层的重耙灭茬,翌年早春及时耙耱或直接开沟于春末播种。

2. 施肥

结合耕地,施足底肥,一般每公顷施厩肥1 500～2 250千克,或每公顷施30%的复合肥450～600千克。

3. 种子处理

选籽粒饱满、无病虫的种子,播前晒种1～2天,然后用0.2%的磷酸二氢钾或温水浸种6～8小时,以打破休眠,提高种子发芽率。此外,用粉锈宁拌种可预防锈病的发生。

二、播种

1. 播种期

一般在4月上旬至6月，当表土10厘米处地温达12～14℃即可开始春播，为保证整个夏季能持续生产青绿饲料，应采取分期播种，每期相隔20～25天，最后一期播种应在重霜前80～100天时进行。

2. 播种方式和播量

多采用条播，播种量主要根据土壤水分条件而定，干旱地区，宜采用宽行条播，行距45～60厘米，播种量2.5～30千克/公顷。如土壤水分条件好，以采用窄行条播有利，行距30厘米左右，播种量30～37.5千克/公顷。播种深度一般为4～6厘米，如表土过干，应加镇压以利于出苗。

三、田间管理

早春播种的苏丹草，由于气温低，苗期长，容易受到各种杂草的侵袭，在苗高10～15厘米时，应中耕除草一次，以后视杂草出现和土壤的板结情况，再中耕一次。苏丹草出现分蘖以后，即不怕杂草为害。苏丹草的根系强大，吸收肥料能力强，对氮磷肥料需要量高，除播种前施足基肥外，分蘖期、拔节期以及每次刈割后，应及时灌溉施肥。

四、适时收获与刈割

苏丹草的收获期应考虑它的产草量、营养价值以及再生力。从产草量看，自抽穗到乳熟期，基本上无多大变化，但从营养成分作比较，则差别很大。抽穗期刈割的苏丹草，干物质中粗蛋白质含量比开花期刈割的要高出89%左右，而粗纤维含量则为开花期的72%。因此，从青饲料的产量和品质考虑，苏丹草宜在抽穗到盛花期刈割。调制干草以抽穗期刈割最佳，过迟会降低适口性。青饲以孕穗期利用最好，这时营养价值、利用率和适口性都高。青贮可推迟到乳熟期。

苏丹草的刈割高度与再生能力有直接的关系，一般留茬高度为7～8厘米，留茬过低影响再生。在气候寒冷、生长季较短的地区，第一茬刈割不宜过晚，否则第二茬草产量低。苏丹草的产草量，决定于气候和栽培条件，栽培的苏丹草一年能刈割2～3次，青草产量在45 000～75 000千克/公顷，以第一茬产草量最高，以后逐次降低。

五、病虫害防治

1. 锈斑病

叶面出现铁锈色的斑点，初期在叶面尖部，以后逐渐扩大到整个叶面，并传染到其他叶面及其他植株，造成成片叶面枯死。营养价值大幅度下降，甚至毫无营养价值。

预防方法　将购回的种子用抗生素药物浸泡，可使用井冈霉素水剂加水200倍，可达到预防效果。

治疗方法　用井冈霉素加水1 000倍叶面喷施，连续2天，最好在晴天下午施用，3天即可治愈，以后每15～20天用药1次。用药2天后即可投喂。

2. 霉烂病

初期根部分蘖处的茎秆及叶片霉烂，并向密生的中间茎叶扩散，致使植株根部出现霉烂死亡，只有边缘少数部分正常生长茎叶，严重时则不再分蘖，整个植株在根部腐烂死亡。

预防方法　匀窝稀植。由于苏丹草分蘖力极强，可在幼苗长出3～4片叶后匀窝，每窝留下2～3根植株，对霉烂病有预防作用。

参考文献

1. 农业部重点推广的畜牧业技术项目简介之一. 华中农业大学资源环境学院[引用日期2017-07-29].

2. 苏丹草. 中国自然标本馆[引用日期2017-07-29].

3. 苏丹草. 植物智[引用日期2019-12-19].

4. 祖丽菲亚，田聪. 灌水方式对苏丹草新品系种子产量和生产性能的影响[J]. 草食家畜，2010(9)：67.

5. 四川草原编辑部. 苏丹草[J]. 四川草原，2004(8)：61.

6. 杨桂英，朱慧森. 优良牧草苏丹草的栽培和利用[J]. 饲料与畜牧，2001(12)：30-32.

7. 斯青，郜丽萍. 苏丹草栽培及病虫害防治技术[J]. 黑龙江畜牧兽医，2012(8)：108.

第十二章　芨芨草

第一节　概　　述

芨芨草

一、分布

芨芨草[*Achnatherum splendens*（Trin.）Nevski]是禾本科芨芨草属植物，多生于微碱性的草滩及沙土山坡上，海拔900～4 500米。

我国北方分布很广，从东部高寒草甸草原到西部的荒漠区以及青藏高原东部高寒草原区均有分布，如黑龙江、吉林、辽宁、内蒙古、陕西北部、宁夏、甘肃、新疆、青海、四川西部、西藏高原东部等，在国外，芨芨草分布于亚洲中部和北部，如蒙古国、俄罗斯等。

二、主要价值与利用

芨芨草主要作为家畜的中等品质饲草使用，在中国西部荒漠、半荒漠草原区，为解决大牲畜冬春饲草起到一定的作用。芨芨草可放牧也可刈割，大面积的芨芨草滩为较好的割草地，割后再生草也可放牧家畜，终年为各种牲畜所采食，但时间和程度不一，骆驼、牛喜食，其次为马、羊。开花始期刈割，可作为青贮原料。产草量各地有显著差异，一般亩产干草65～200千克。就饲用而言，芨芨草质量不高，主要是与它的茎叶粗糙且韧性较大有关，家畜采食困难。在拔节期间，芨芨草粗蛋白质的品质较好，必需氨基酸含量高，可与紫花苜蓿的干草相比。拔节至开花以后这些成分逐渐降低，粗纤维含量增加，适口性下降。因此，利用时应在抽穗、开花前期进行。

除此之外，芨芨草秆叶坚韧，长而光滑，为极有用的纤维植物，供造纸及人造丝，又可编织筐、草帘、扫帚等。叶浸水后，韧性极大，可做草绳。又可改良碱地，保护渠道及保持水土。

第二节　芨芨草的特征特性

一、植物学特性

植株具粗而坚韧外被砂套的须根。秆直立，坚硬，内具白色的髓，形成大的密丛，高50～250厘米，径3～5毫米，节多聚于基部，具2～3节，平滑无毛，基部宿存枯萎的黄褐色叶鞘。叶鞘无毛，具膜质边缘。叶舌三角形或尖披针形，长5～10(15)毫米。叶片纵卷，质坚韧，长30～60厘米，宽5～6毫米，上面脉纹凸起，微粗糙，下面光滑无毛。

圆锥花序长(15)30～60厘米，开花时呈金字塔形开展，主轴平滑，或具角棱而微粗糙，分枝细弱，2～6枚簇生，平展或斜向上升，长8～17厘米，基部裸露；小穗长4.5～7毫米(除芒)，灰绿色，基部带紫褐色，成熟后常变草黄色；颖膜质，披针形，顶端尖或锐尖，第一颖长4～5毫米，具1脉，第二颖长6～7毫米，具3脉；外稃长4～5毫米，厚纸质，顶端具2微齿，背部密生柔毛，具5脉，基盘钝圆，具柔毛，长约0.5毫米，芒自外稃齿间伸出，直立或微弯，粗糙，不扭转，长5～12毫米，易断落；内稃长3～4毫米，具2脉而无脊，脉间具柔毛。花药长2.5～3.5毫米，顶端具毫毛。花、果期6—9月。

二、生物学特性

芨芨草生于海拔900～4 500米的微碱性的草滩及沙土山坡上，喜生于地下水埋深1.5米左右的盐碱滩沙质土壤上，在低洼河谷、干河床、湖边、河岸等地，常形成开阔的芨芨草盐化草甸。具有广泛的生态可塑性，在较低湿的碱性平原以至高达 5 000 米的青藏高原上，从干草原带一直到荒漠区，均有芨芨草草甸分布，但它不进入林缘草甸。在复杂的生境条件下，可组成有各种伴生种的草地类型，它是盐化草甸的重要建群种。根系强大，耐旱、耐盐碱、适应黏土以至于沙壤土。芨芨草的分布与地下水位较高、轻度盐渍化土壤有关，根系分布深度也随着地下水位升降而变化，地下水位低或盐渍化严重的地区不宜生长。

第三节　芨芨草的主要栽培技术

一、播种

1. 坡面播种

采用等高隔带耕翻，人工播种后耙耱的方法，从而可以形成等高芨芨草带，起到保持水土的作用。播种时间在 6—7 月的雨季进行，土壤要保持湿润状态，播深 1.5 厘米左右。

2. 田间地埂播种

一般播种 1～2 行，播时用锄钩按行划破地皮，播深 1.5 厘米左右，播种后覆土，播种时间在 6 月下旬至 7 月下旬。

3. 分根移植

分根移植宜在早春进行，在 3 月下旬至 4 月上旬土壤解冻后，芨芨草还没有发芽时，整丛挖出，分根移植。栽植时要剪去茎秆和叶，以减少蒸发和养分消耗，促进生长和提高成活率。有条件的地区可以在栽植后灌水一次，以确保成活。

二、田间管理

芨芨草种植以后，主要管理是在头三年内禁止牲畜啃食。芨芨草长大成丛后，每年春季的 3 月初采用火烧的办法清除枯枝及残留物，可促进芨芨草的分蘖和提早返青。

芨芨草适应性强，一般田间管理条件下便能生长良好。苗期应及时除去杂草，适时中耕以利根系生长，干旱季节注意灌水。芨芨草耐瘠薄，一般情况无须施肥，但若是育苗或为提高茎秆产量，在苗期应施氮肥以抽茎，夏季再追氮磷钾复合肥一次，这样可以达到壮苗和提高产量的目的。冬季要注意积雪，旱情严重时还要冬灌，并要除去残存枯叶，以确保来年正常萌发生长。

三、收获

芨芨草视用途不同其采收期各有差异，牧草应在5—7月采收，用作编织或造纸原料则在9—10月采收。采收方法用刀割或手拔均可，采收后应及时晒干，堆放成垛，注意防火、防虫、防鼠。

四、主要病虫害及防治

1. 病害

芨芨草常见病害有黑粉菌、白粉菌、球壳菌、腐霉菌，受侵害的植株常有菌枯、叶枯、秆枯、穗腐等症状，严重者将导致植株死亡。

防治方法　注意植物检疫，播种前种子消毒：1/1 000氯化汞浸种10～20分钟，然后洗涤；消灭田野草地病原，烧毁病株，流行季节可喷波尔多液。在利用有毒农药防鼠及病虫害期，要防止家畜误食中毒。

2. 虫害

主要害虫有螟虫、草原毛虫、草地螟等，这些昆虫主要蚕食芨芨草叶。防治方法常用马拉松、敌敌畏喷粉或用300～1 000倍液敌百虫(1千克90%的敌百虫加水300～1 000千克)喷雾。此外还要在冬季清除枯枝杂草，消灭虫卵。

3. 鼠害

为害芨芨草的主要鼠类有高原鼠兔、阿拉善黄鼠、长爪田鼠、布氏田鼠等。它们主要啃食叶、茎、种子及芽，消耗牧草，此外还在芨芨草根部筑穴，破坏根系发育，直接影响植株生长，导致生长衰退乃至死亡。防治方法有化学灭鼠法和机械灭鼠法。化学灭鼠法常用杀鼠剂磷化锌、甘氟等与毒饵如燕麦、青稞、大麦、青干草等搅拌，投放到鼠穴附近。8%磷化锌青稞饵配制比例为：磷化锌：10%面糊：青稞＝8：5：100。机械捕鼠法有封洞法、灌水法、吹风灭鼠法及设置捕鼠器等。

参考文献

1. 芨芨草. 植物智[引用日期2019-12-19].

2. 中国饲用植物志编辑委员会．中国饲用植物志 第一卷[M]. 北京：中国农业出版社，1987.

3. 郭廷辅. 水土保持经济植物实用开发技术[M]. 郑州：郑州黄河水利出版社，1995.

第十三章 紫花苜蓿

第一节 概 述

紫花苜蓿

一、起源与分布

紫花苜蓿(*Medicago sativa* L.)是豆科苜蓿属植物,原产于土耳其、亚美尼亚、伊朗、阿塞拜疆等地。《史记》中记载苜蓿从西域的大宛国引入,最初是给马作饲料用。“苜蓿”一词来自大宛语“buk suk”的音译,其花开紫色,故又叫紫花苜蓿。因其每根细茎上有叶三齿,所以俗称三叶草,田边路旁随处可见,江南人又称它为草头。其作为牧草引入中国栽培已有2 000多年的历史,现各地都有栽培或呈半野生状态,生于田边、路旁、旷野、草原、河岸及沟谷等地。

紫花苜蓿主要分布于温暖地区,在北半球大致呈带状分布,美国、加拿大、法国、意大利、中国、俄罗斯南部是主产区;在南半球只有极少数国家有较大规模种植,如新西兰、澳大利亚、阿根廷等国家。美国是世界上苜蓿种植面积最大的国家,约占总种植面积的33%;阿根廷第二,约占总种植面积的23%;加拿大第三,约占总种植面积的8%;中国第五,约占总种植面积的4.5%。

二、主要价值与利用

1. 药用价值

紫花苜蓿中的苜蓿皂苷、黄酮、异黄酮、香豆素等有效成分能有效降低人体胆固醇和血脂含量、消退动脉粥样硬化斑块,还具有调节免疫、抗氧化、防衰老功能。

2. 饲用价值

苜蓿中含有丰富的粗蛋白质、碳水化合物、维生素和矿物质元素,作为猪、牛和羊的饲草,有很高的营养价值,既可以直接用作青饲,也可以制备干草和加工成苜蓿粉,还可以直接利用叶蛋白,提取叶蛋白浓缩物,大规模生产饲料。苜蓿作为饲草能显著提高奶牛产奶量、乳蛋白和非脂固形物含量,牛奶品质得到明显改善。苜蓿粉代替豆粕饲喂肥猪，能提高猪的采食量和胴体瘦肉率，降低饲养成本，显著增加养殖效益。

(1)青饲　苜蓿随着生长阶段的延长，干物质含量逐渐增加，蛋白质含量逐渐减少，粗纤维含量增加，木质化加重，饲用价值下降，作为青饲利用时，收割不宜过迟，最后一次在早霜前一个月收割。

(2)调制干草　苜蓿可用自然干燥法、人工干燥法等制备成干草。提高苜蓿消化利用率的关键是控制苜蓿纤维木质化和减少粗蛋白质损失。苜蓿叶片的蛋白质含量占整株的80%以上，因此适时收割和减少运输及干燥过程的叶片损失非常重要。

(3)加工苜蓿粉　苜蓿草加工成苜蓿草粉，是多种加工贮存方式中营养损失较少的一种。其多采用快速高温干燥法生产，其中脱水苜蓿粉的生产，是将收割后的苜蓿切断后以转鼓高温气流式牧草加工机组进行加工。在这个过程中，植物体本身生物化学变化和外界机械作用引起的营养流失大幅度降低。

3. 生态价值

紫花苜蓿枝繁叶茂，大面积栽种时能很快覆盖地面，特别是紫花苜蓿具有密而小且易浸湿的叶子，持水量较大，从而可有效地截留降水，减少地表径流。不仅如此，紫花苜蓿的根系也非常发达。根系固氮，能提高土壤有机质的含量。大量的侧支根纵横交错形成强大的根系网络，不仅有利于土壤团粒结构的形成，而且能改善土壤的理化性质，增强土壤的持水性和透水性，从而起到保持水土的作用。另外，紫花苜蓿适应性强，可栽种范围广。紫花苜蓿生长期间多次收割或受破坏后仍能旺盛生长，再生能力强，实为山区优良的水土保持植物。

4. 食用价值

紫花苜蓿的嫩苗或嫩茎叶洗净，入沸水中焯过，捞出后再过几次清水，沥干，可切碎凉拌、炒食、做馅或拌面粉蒸食。

第二节　紫花苜蓿的特征特性

一、植物学特性

紫花苜蓿为多年生草本植物，高30～100厘米。主根粗壮，深入土层，根颈发达。茎直立、丛生以至于平卧，四棱形，无毛或微被柔毛，枝叶茂盛。羽状三出复叶。托叶大，卵状披针形，先端锐尖，基部全缘或具1～2齿裂，脉纹清晰。叶柄比小叶短。小叶长卵形、倒长卵形至线状卵形，等大，或顶生小叶稍大，长(5)10～25(40)毫米，宽3～10毫米，纸质，先端钝圆，具由中脉伸出的长齿尖，基部狭窄，楔形，边缘1/3以上具锯齿，上面无毛，深绿色，下面被贴伏柔毛，侧脉8～10对，与中脉成锐角，在近叶边处略有分叉，顶生小叶柄比侧生小叶柄略长。

花序总状或头状，长1～2.5厘米，具花5～30朵。总花梗挺直，比叶长。苞片线状锥形，比花梗长或等长。花长6～12毫米。花梗短，长约2毫米。萼钟形，长3～5毫米，萼齿线状锥形，比萼筒长，被贴伏柔毛。花冠各色，淡黄色、深蓝色至暗紫色，花瓣均具长瓣柄，旗瓣长圆形，先端微凹，明显较翼瓣和龙骨瓣长，翼瓣较龙骨瓣稍长。子房线形，具柔毛，花柱短阔，上端细尖，柱头点状，胚珠多数。荚果螺旋状紧卷2～4(6)圈，中央无孔或近无孔，径5～9毫米，被柔毛或渐脱落，脉纹细，不清晰，熟时棕色。有种子10～20粒。种子卵形，长1～2.5毫米，平滑，黄色或棕色。花期5—7月，果期6—8月。

二、生物学特性

紫花苜蓿为虫媒异花授粉植物，适应温暖、半干旱半湿润气候，因而多分布在长江以北地区。抗寒、抗旱能力很强。生长发育最适温度为25 ℃左右，温带和寒带均能生长，在我国北方冬季－30～－20 ℃低温条件下能安全越冬。

紫花苜蓿根系强大，入土深，可利用土壤深层水分，因此其抗旱能力也强。紫花苜蓿需水量高，尤其是孕蕾至始花期，需水量比禾本科牧草多2倍，适于年降水量500～800毫米的地区和半干旱有灌溉条件生长的地区。不耐水淹，若地下水位高，土壤过于潮湿或雨后积水，再遇高温则会引起烂根死亡。对土壤的要求不严，除太黏重的土壤或极瘠薄的沙土以及强酸或强碱性土壤外，都能生长，最适于在富含钙质的土壤或沙土中生长。

紫花苜蓿具有一定的抗碱能力，可在含盐量0.3%的土壤中生长。

第三节　紫花苜蓿的主要栽培技术

一、播种前的准备

选地以土层深厚疏松，排灌方便，pH 6.5～7.5的中性或微碱性土壤最为适宜。在土壤含盐量0.2%的盐碱地上也能生长良好。精细整地，彻底清除杂草。春播时，需在上一年牧草或作物收获后浅耕灭茬，除草、保墒，然后深翻，耕深要达20厘米，再耙、压，使其平整。结合整地要施底肥，底肥可施一定数量的农家肥和各种氮、磷、钾肥。

二、播种

种子要经过清选，晒干，使种子的净度达到90%。播前可将农药、除草剂、根瘤菌和肥料按比例配制拌种，避免苗期病虫害。用根瘤菌等细菌肥料拌种，1千克根瘤菌可拌10千克种子，能提高产量20%以上。紫花苜蓿播种期，可以选择春播也可以选择夏播。春季土壤墒情好，风沙危害小的地方可春播；春季土壤干旱、风沙较大、终霜期较迟的地方，则以夏播为宜。最好在6月底雨季到来之前播完，有利于一次播种保全苗。紫花苜蓿播种一般采用条播或垄播，条播行距30～60厘米，垄播则采用密垄稀植，行距15～20厘米，既增加覆盖，提高产量，又便于田间管理。每亩用种量0.75～1.00千克，依据种子质量和地块不同可适当增减播种量。紫花苜蓿种子甚小，覆土深度在2厘米左右为宜。若土壤疏松，播前先镇压一遍，便于掌握深度；播种后再镇压一遍，有利于保墒。

三、田间管理

播种后要及时查苗补种，确保种植密度。有条件的地方在干旱时可灌溉，灌水用沟灌、喷灌均可，但最好是喷灌。紫花苜蓿的根系不耐淹，水淹24小时会造成死亡，雨季低洼地应注意及时排除田间积水。播前应施有机肥作底肥，适当施用一些磷、钾肥。

紫花苜蓿苗期生长极其缓慢，易受杂草侵袭，幼苗期、返青后、刈割前后都要除草。化学除草剂分为播种前施用的土壤处理除草剂，苗前施用的除草剂，苗后施用的除草剂。但要注意，药效应在刈割前 2～3 星期失效，以免造成家畜中毒。

紫花苜蓿每年可刈割 2～3 次。第 1 次刈割在初花期最适宜，此时蛋白质含量最高。最晚不能晚过盛花期，否则落叶严重，茎秆纤维化，品质下降。留茬高度一般为 5 厘米左右。最后 1 次刈割应在早霜来临前 30 天左右，而且留茬高度应为 7～8 厘米，以利于越冬。刈割后的紫花苜蓿要阴干，及时打捆贮藏，否则过干会造成落叶，影响草的质量。

第四节　紫花苜蓿的病虫害防治

一、主要病害

1. 苜蓿霜霉病

叶面正面出现褪绿斑，形状不规则，无明显边缘，叶片背面有灰白色（淡紫色）的霜状霉层，外围呈黄色，叶片多向下卷曲。受害植株茎秆扭曲，变粗，节间缩短，全株褪绿。孢子产生时病斑变成灰褐色，易脱落。苜蓿霜霉病主要在川塬灌区和阴湿地区发生，发病较早，始发于 4 月下旬到 5 月上旬，一般在 6 月初和 7 月底有 2 个发病高峰，8 月下旬病害基本停止。

2. 苜蓿锈病

受害叶片先出现褪绿色小斑，后病斑稍隆起呈疱疹状，近圆形或椭圆形，后疱疹状病斑表皮破裂散出棕红色粉末状夏孢子堆，叶片皱缩、卷曲，甚至脱落。严重时，茎秆也可受侵染。苜蓿锈病以干旱半干旱地区为主要发生地，以 7 月中下旬到 8 月上中旬最盛发。

3. 苜蓿白粉病

发病初期，叶、茎秆或荚果上有白色霉层，后逐渐扩大，产生分生孢子，发病后期病斑覆层出现灰色或浅褐色闭囊壳，上有黄色或黑色小点，植株生长不良，易落叶。以干旱半干旱地区发病最为严重，高寒阴湿地区次之，川塬灌区偶有发生，5 月中下旬到 9 月上中旬均有发生。

4. 苜蓿褐斑病

由苜蓿假菌盘引起，发病初期，茎、叶、荚果上均出现点状浅褐色绿斑，后扩大呈圆形，多发于下部茎、叶，再蔓延于上部嫩梢叶片。后期病斑出现褐色的盘状隆起（子囊盘），叶片变黄脱落。苜蓿褐斑病主要发生在 6 月上中旬至 7 月中旬。

5. 苜蓿黄斑病

受害叶片上初期出现浅褐色的小点，后扩大成褪绿斑，随之变为黄色的大斑。病斑呈扇状、条斑状或圆形。病叶干枯，提前脱落。后期病组织上出现许多橙黄色至黑色的杯状小点，即病菌的子囊盘，多生于死亡的叶背上。发病时间为5—8月，主要为害幼龄苜蓿和头茬苜蓿，但高寒阴湿地区的苜蓿在阴雨低温条件下发病最为严重。

6. 苜蓿炭疽病

植株茎、叶、荚果均受侵染，根茎部最易受害发病，植株枯萎，严重时造成死亡。植株细小，生长不良，常引起草地出现裸地。病斑稍凹陷，边缘呈褐色，边缘以内呈甘草色，上生许多黑色小点。发病严重时，病斑可环绕茎部或多个病斑互相连接，造成茎的折断。以6月上旬至9月上旬为发病的高峰期。

7. 苜蓿根腐病

苗期叶片发黄，植株萎蔫倒伏。成株发病的典型症状是根部皮层组织至木质部变为黄色至褐色，主根上的病斑边缘不清。苜蓿根腐病主要发生在高寒阴湿地区和川塬灌区的越年生苜蓿，特别是5月和8月的低温阴雨和灌水，使苜蓿极易发生根腐病，造成苜蓿地成片枯死裸露。

二、主要虫害

1. 苜蓿蚜虫

蚜虫主要有豌豆无网长管蚜、苜蓿无网长管蚜和苜蓿斑蚜。川塬灌区以前2种居多，阴湿山区则多发苜蓿斑蚜。蚜虫为害时多聚集在苜蓿的嫩茎、叶、幼芽和花器的各部位上，以刺吸口器吸取汁液。被害植株叶片卷缩，蕾和花变黄脱落，影响生长发育、开花结实和牧草产量，严重发生时田间植株成片枯死。蚜虫的蜜露常引起叶片发霉，直接影响牧草的产量和质量。蚜虫主要在川塬灌区和阴湿山区发生为害，5月下旬到6月上中旬有2个发生高峰期。

2. 蓟马

蓟马主要为害叶片、芽和花等部位。苜蓿嫩叶被蓟马嘬吸后出现地图状白色斑点，致叶片卷曲以至于枯死。生长点被害后发黄、凋萎，导致顶芽不能继续生长和开花。蓟马在花期为害最严重，它在花内取食，捣散花粉，破坏柱头，吸收花器营养，造成落花落荚，引起种子皱缩减产。虫口密度大时，叶片从边缘开始干枯，状如火烧，导致植株生长停止。蓟马在苜蓿上均有为害，尤以开花期和接近开花期的苜蓿地多发,4月下旬到8月下旬为发生高峰期。

3. 潜叶蝇

潜叶蝇以幼虫潜居在苜蓿叶片的上、下表皮中,刮食叶肉,边食边往里边钻,食量随虫体增大而增加,潜道由叶缘开始弯曲延伸。当1个叶片上幼虫数量多时,潜道互连成片,致叶枯萎。叶片受害时大部分叶绿素被破坏,只剩下表皮和叶脉,严重时下部叶片全部枯死。幼虫在叶片内潜食叶肉,造成盘旋形弯曲道,食痕呈白色。成虫将卵产于叶组织内并吸食叶面,食道多呈钉孔状。潜叶蝇为害可使叶片质量降低,光合面积减少并致落叶,阻碍植株生长,导致产草量下降和蛋白质含量降低。3月下旬到5月下旬是为害最严重的时期,并有春、秋两季为害较重的特点。主要发生地为川塬灌区,干旱半干旱区和高寒阴湿区较少。

4. 斜纹夜蛾

苜蓿夜蛾的幼虫多在叶面取食叶肉,2龄后从叶片边缘向内取食,形成不规则的缺刻。幼虫也常喜欢钻蛀寄主植物的花蕾、果实和种子。一般在8—9月局部较大发生。由于幼虫多取食叶片,短时间内的大量取食,有时1周内将受害苜蓿的叶片全部吃光,只剩下茎秆。

三、防治对策

1. 引进新品种

抗性苜蓿品种和抗病虫害品种可有效降低害虫虫口密度和减少病原菌的侵染,减少或避免农药使用。同时对苜蓿品种合理布局,防止病虫害的蔓延和流行,避免同一品种在同一地区较大规模种植。在引进苜蓿种子时,要严把种子检疫关,谨防危险性病虫害传入。

2. 注重和加强生物防治

有效保护和利用天敌资源。在苜蓿病虫害的防治中,要充分保护和利用天敌,维护苜蓿地的生态平衡。苜蓿上捕食蝽、瓢虫、草蛉等种群有明显优势,对蚜虫、蓟马等害虫具有明显的抑制作用。因此,在采取每一项防治措施尤其是药剂防治时,都要首先考虑对天敌的保护。

3. 适时进行药剂防治

在生产中以上措施尚不能奏效时,可有针对性地使用高选择性的生物农药和高效、低残留、低毒的化学药剂进行防治。还可利用保护行诱杀法,即在苜蓿田边缘留一片不割地作为诱饵带,当害虫迁移到诱饵带时进行药剂防治。禁止使用高毒有机磷农药，如敌敌畏、氧化乐果、对硫磷等。要严格执行农药安全间隔期标准，最大限度地保证牧草安全，保护天敌的生存环境。

参考文献

1. 晓蓓. 中国的外来植物·花卉 远方的茉莉花. 上海：上海文化出版社，2017.

2. 紫花苜蓿. 植物智[引用日期 2020-12-16].

3. 谢玉保. 苜蓿的播种、田间管理及利用方式. 种植与环境，2013(1)：208.

4. 鲁鸿佩，孙爱华. 临夏地区紫花苜蓿病虫害发生现状调查及其防治对策[J]. 草业科学，2008，25(7)：130.

5. 河南农业大学牧医工程学院. 紫花苜蓿的营养价值及应用研究进展[J]. 中国饲料，2005(1)：15-16.

6. 翟爱萍，许锁. 紫花苜蓿[J]. 中国水土保持，1994(5)：26.

7. 王羽梅. 芳香蔬菜. 武汉：华中科技大学出版社，2018.

第十四章　黄花苜蓿

第一节　概　　述

黄花苜蓿

一、分布

黄花苜蓿是豆科苜蓿属多年生草本植物，产于中国东北、华北、西北各地。欧洲盛产，俄罗斯、哈萨克斯坦、乌兹别克斯坦、土库曼斯坦、吉尔吉斯斯坦、塔吉克斯坦、蒙古国、伊朗等亚洲地区分布也很广泛，世界各国都有引种栽培。性喜温暖湿润气候，对土壤适应性较广，生于沙质偏旱山坡、草原、耕地、河岸杂草丛中。

二、主要价值与利用

黄花苜蓿富含维生素 A、维生素 C、维生素 E 及多种氨基酸，其幼嫩茎叶尖部分可作蔬菜，营养价值高、味美。是冬、春季节猪、牛、羊、兔、马、家禽等动物的优质青绿饲料。种子成熟后的植株，家畜仍喜食，能增加乳畜产乳量、促进幼畜发育。黄花苜蓿作为饲草时，可用作放牧、割草。野生的鲜草亩产一般为 150～250 千克，栽培种植可达 600 千克。

第二节　黄花苜蓿的特征特性

一、生物学特性

黄花苜蓿性喜温暖湿润气候，对土壤适应性较广，土壤 pH 在 5～8.5 都可种植，能耐一定的酸性，有灌溉条件的红壤坡地上可以生长。耐瘠性弱，在肥沃的土壤或适当的施肥条件下，生长良好。对海拔要求不严，在禄丰县海拔 1 300～2 290 米的地区种植生长良好。喜潮湿，宜在排水良好的水田种植。土壤持水量为 60%～70%时，生长最佳。积水的田块要先开好排水沟，降低地下水位，并配合施用磷肥时才可种植。黄花苜蓿耐旱性较差，应选择有灌溉条件的地块种植才能提高产量。

二、植物学特性

黄花苜蓿是多年生草本植物。主根粗壮，木质化。茎斜生或平卧，长 30～60(100)厘米，分枝多，被短柔毛。三出复叶。托叶卵状披针形或披针形，长 3～6 毫米，下部与叶柄合生。小叶倒披针形、条状倒披针形、稀倒卵形或长圆状卵形，先端圆钝或微凹，具小刺毛，基部楔形，边缘上部有锯齿，下部全缘，上面近无毛，下面被长柔毛。总状花序密集成头状，腋生，通常有花 5～20 朵，总花梗长，超出叶。花萼钟状，密被柔毛，萼齿狭三角形。花黄色，长 6～9 毫米，旗瓣倒卵形，翼瓣比旗瓣短，耳较长，龙骨瓣与翼瓣近等长，具短耳及爪。雄蕊 10，二体。子房宽条形，稍弯曲或近直立，花柱弯曲，柱头头状。荚果稍扁，镰刀形，稀近于直，长 7～12 毫米，被伏毛。种子 2～3 颗。花期 7—8 月，果期 8—9 月。

第三节　黄花苜蓿的主要栽培技术

一、种子选择

黄花苜蓿种子有两种：一种是经脱粒精选的纯净籽粒，种子细小，用种量少；另一种是未脱粒去壳的荚果种子，播前要对荚果进行处理。

二、播种期

一般在 8 月 20 日至 10 月 20 日播种，最迟不超过 10 月底，灌溉条件较好的可以推迟播种。

三、播种

黄花苜蓿为浅根系，种子细小，所以整地要精细，深耕15～20厘米。一般采用撒播或条播，播种行距度在30～40厘米，播深20厘米，以利于出苗，收种每亩播种量0.8千克，收草每亩播种量1.5千克。

四、田间管理

补播及除杂　播种后2周左右对种植田地块进行检查，若水田积水造成烂种或出苗较差的要及时补播，保证种植效益，苗期生长缓慢，注意除杂保苗。

追肥　黄花苜蓿不耐瘠和旱，除应用磷肥拌种外，若苗期长势较弱，每亩可施用1 000～1 500千克的农家细灰肥，有利于苗全、苗壮。返青时和每次刈割后每亩追施磷肥、钾肥或复合肥10千克左右，施肥量根据刈割次数和草产量而定，促进早发旺长。注意适时灌水和施肥，以提高牧草的刈割次数和草产量。

五、刈割和留种

刈割　作鲜草利用，一般在当年12月和翌年的4月中旬，先后可刈割1～3次；作干草利用，可以制作干粉作配合饲料饲喂利用，也可制作青贮饲料备用。

留种　留种用的野苜蓿只能刈割第一茬，种田选择中等肥力、排水良好的为好。先成熟的荚果容易脱落，一般掌握在荚果的颜色为30%青、30%黄、40%黑的时候收获较为适宜。收获后晒干拍打抖落荚果，有条件的先脱落，再经晒干后装袋进仓贮存。

第四节　黄花苜蓿的病虫害防治

危害黄花苜蓿的病害主要有白粉病、苜蓿霜霉病、苜蓿春季黑茎病和叶斑病、苜蓿匍柄霉叶斑病、苜蓿锈病、苜蓿花叶病，其中花叶病危害最大。苜蓿发病主要发生在4月中旬，该病在气温20～25 ℃及以下迅速增长，15 ℃以下则生长缓慢。

防治方法

①切断种子传播途径，不从疫区调种。

②冬季及早整理枯枝断叶，消灭越冬病原。

③春季若有蚜虫，在封前用50%抗蚜威可湿性粉剂2 000倍液及早防治，有效防治传毒媒介蚜虫的发生。

参考文献

1. 野苜蓿. 植物智[引用日期 2019-12-19].
2. 任保芝,张丽琼. 黄花苜蓿高产栽培[J]. 云南农业,2016(9):91.
3. 王红,蔡晨阳. 黄花苜蓿栽培技术[J]. 新疆畜牧业,2013(6):58-59.

第十五章　箭筈豌豆

第一节　概　　述

箭筈豌豆

一、起源与分布

箭筈豌豆(*Vicia sativa* L.)是豆科巢菜属的一个种,为一年生或越年生草本植物。又名大巢菜、春巢菜、普通巢草等,为优良的牧草和绿肥作物。原产于欧洲和亚洲西部,世界各大洲都有栽培。

箭筈豌豆在我国江苏、江西、台湾、陕西、云南、青海、甘肃等地区的草原和山地均有野生分布。20 世纪 40 年代从苏联、罗马尼亚等国引进了 10 多个品种,之后从澳大利亚等国陆续引进了一些品种。在西北各地区以及长江流域种植,自 60 年代中期我国开始了箭筈豌豆品种的选育工作,在全国各地引种栽培。

二、主要价值与利用

箭筈豌豆是粮、料、草兼用作物,生长繁茂,产量高,每亩产鲜草 1 500～2 000 千克,高者可达 3 000 千克。每亩产种子 100～150 千克,其种子蛋白质含量高达 30%,可作粮食和精料。箭筈豌豆茎叶柔软,营养丰富,适口性好,马、牛、羊、猪、兔和家禽都喜食。营养物质含量丰富,特别是消化蛋白含量丰富,为豌豆秆的 4 倍、玉米秆的 5.6 倍,比蚕豆茎叶含量还高,籽实中粗蛋白质含量占全干重的 30%左右,干草中含粗蛋白质 13.3%,是家畜的优质饲料。

茎秆可作青饲料,调制干草,也可用作放牧,饲喂乳牛适口性好,产奶量高,每 1 000 千克鲜草可转化鲜牛奶 86.9 千克。另外,牲畜粪尿还田为农田提供大量有机肥料,促进了农田养分的循环。

第二节　箭筈豌豆的特征特性

一、生物学特性

春箭筈豌豆喜凉爽，抗寒性较强，适应性较广。生长所需活动积温 1 500～2 000 ℃，在 2～3 ℃时开始发芽。幼苗期能忍耐 －6 ℃的春寒。生存最低温度 －12 ℃。在甘肃省黄羊镇秋播，9 月下旬受连续霜冻仍可继续开花（不结实）、抽生新枝，至 11 月上中旬才开始死亡，较紫花苜蓿地上部茎叶死亡约迟半个月。不同品种的生育期，在不同的自然条件下有所不同。箭筈豌豆对土壤要求不严，一般土壤均可种植，比普通豌豆耐瘠薄，在生荒地上也能正常生长，是良好的先锋作物。箭筈豌豆对水分敏感，但耐旱力很强，是一种耗水较少的饲料作物，一般分枝期及结荚期灌水 2～3 次，即可获得良好的收成。箭筈豌豆苗期生长缓慢，孕蕾开始即迅速生长。其生长速度花期以前与温度呈正相关，花期以后则与品种特性有关。在生长期间遇干旱，植株生长暂停滞，遇水后又可继续生长。

二、植物学特性

茎细软，斜升或攀缘，有条棱，多分枝，长 60～200 厘米。羽状复叶，具小叶 8～16 枚，叶轴顶端具分枝的卷须。小叶椭圆形、长圆形至倒卵形，长 8～20 毫米，宽 3～7 毫米，先端截形凹入，基部楔形，全缘，两面疏生短柔毛。托叶半边箭头形。花 1～3 朵生于叶腋，花梗短。花萼筒状，萼齿 5，披针形。花冠蝶形，紫色或红色。荚果条形，稍扁，长 4～6 厘米，内含种子 5～8 粒。种子球形或微扁，颜色因品种而不同，有乳白色、黑色、灰色和灰褐色，具有大理石花纹。

第三节 箭筈豌豆的主要栽培技术

一、播前准备

箭筈豌豆种子较大，播种前整地同一般大田作物，每亩施有机肥 1 500～2 000 千克、过磷酸钙 20 千克为基肥，播种时施磷酸二铵 10 千克作种肥。

二、播种

播种期以春播为宜，单播，每亩播种 4～7 千克，播种深度 3～4 厘米，行距 30～40 厘米。为了提高产量，除单播外可与燕麦混播。如与燕麦混播时，川水、浅山地区一般每亩播燕麦 9～10 千克，箭筈豌豆 2.5～3 千克。在脑山或牧区气候条件较好的地区每亩播燕麦 6～7 千克、箭筈豌豆 3.5～4 千克。可同行或隔行播种，先播箭筈豌豆，待其出苗后再播燕麦，以利于同步协调生长。

三、田间管理

箭筈豌豆幼苗出土能力差，田间管理应防止苗期土壤板结，及时中耕除草。在生长期视天气情况适时灌水 3～4 次，应重视分枝盛期和结荚期的供水，对籽实产量影响甚大。

控制徒长 适时化控、控制徒长有利于协调营养生长和生殖生长矛盾，这是箭筈豌豆获得高产的关键。在化控时要根据其生长势灵活掌握，一般可进行 3 次。第一次在冬前，如个体发育旺盛，越冬期植株已罩严地皮，且当时气温高于 15 ℃时，每亩可用 15％多效唑可湿性粉剂 20 克，对水 20 千克，距作物顶端 60～70 厘米快速喷打顶部，植株未罩严地皮的田块勿喷、气温低于 10 ℃时勿喷。第二次在早春返青后，植株已罩严地皮，气温已回升到 15 ℃以上时，用 15％多效唑 30 克，对水 30 千克喷打顶部，未罩严地皮的可缓喷。第三次在盛花后，用 15％多效唑 40 克，对水 30 千克，全株普喷。在喷施多效唑时一定要留意：长势差、温度低于 10 ℃、相对湿度低于 70％时应缓喷或不喷。

四、收获

青饲时，以盛花期收割最好。若调制干草，盛荚期产量最高。采种用，当 70％的豆荚变黄褐色时早晨收，过晚豆荚容易爆裂。一般每亩产青草 1 500～2 000 千克，高者可达 3 000 千克以上；种子产量一般每亩 100～150 千克，高者可达 200 千克。

参考文献

1. 救荒野豌豆. 中国自然标本馆[引用日期 2019-03-14].
2. 救荒野豌豆. 中国植物物种信息数据库[引用日期 2019-12-19].
3. 赵永莉. 箭筈豌豆留种田超高产栽培[J]. 北京农业，2009(28)：13-14.

第十六章　草　木　樨

第一节　概　　述

草木樨

一、起源与分布

草木樨[*Melilotus officinalis*（L.）Pall.]是豆科草木樨属二年生草本植物，是优良绿肥及牧草作物，起源于欧洲与亚洲接壤地区。本属植物在全世界分布20多种。中国各省区常见栽培，分布于中国东北、华南、西南各地，生长在山坡、河岸、路旁、沙质草地及林缘。欧洲地中海东岸、中东、中亚、东亚均有分布，为野生杂草。

草木樨在内蒙古的栽培历史悠久，适应性很强，耐旱、耐瘠、耐寒、耐盐碱，既能做牧草、绿肥，又能保持水土，防风挡沙，同时还是蜜源植物，俗称“宝贝草”。

二、主要价值与利用

草木樨花期比其他种早半个多月，耐碱性土壤，为常见的牧草。草木樨营养价值较高，蛋白质含量和紫花苜蓿相近。草木樨种子干物质中含粗蛋白质41.3%，粗脂肪5.46%，可作家畜蛋白质饲料利用。主要利用方式是青饲和调制青干草，也可制作青贮饲料。

1. 刈割

最适宜的刈割时期在现蕾前，当株高60～70厘米时即可刈割利用。现蕾开花后香豆素含量增加且茎秆迅速木质化、品质差，留茬高度15～20厘米，应保持2～3个茎节，以利再生。春播当年可收割1～2次，一般产量1 000千克/亩以上，最后一次不宜收割太晚。第二年返青后生长迅速，可刈割青饲或晒制干草。若为采种用的草木樨，播种当年最好不刈割。

2. 调制干草

调制的干草不及紫花苜蓿。初喂时可与谷草、紫花苜蓿及其他牧草混喂，量由少到多，逐渐增加，习惯后再单喂。用干草饲喂羊、牛、马都能显著增膘。粉碎后喂猪效果也很好，放牧时很少引起臌胀病。喂前先浸泡 24 小时，除去苦味或炒熟，磨碎后饲喂。

第二节　草木樨的特征特性

一、生物学特性

草木樨喜欢生长在温暖而湿润的沙地、山坡、草原、滩涂及农区的田埂、路旁和弃耕地上。一年生的草木樨，当年即可开花结实，完成其生命周期，但二年生的，当年仅能处于营养期，翌年才能开花结实，完成其生命周期。就二年生来说，其返青期于温带地区，一般在 4 月中旬至 5 月中旬，生育期长达 183～230 天。

草木樨喜温和半干旱气候，在中国南北各地（热带例外）都可栽培。其适应的生态区域很广，能忍受－25 ℃以下的低温以及西南地区 35 ℃的持续高温。对雨水要求不高，但喜土壤湿润，年降水 300 毫米以上地区都能生长发育，在降水 1 500 毫米以上地区而无渍水的土地上生长良好。要求光照充足和长日照。对土壤要求不严，适宜 pH 6.5～9，耐盐碱力超过禾草。喜有机肥、磷肥、钾肥和钙肥。

二、植物学特性

草木樨为二年生草本，高 40～100(250) 厘米。茎直立，粗壮，多分枝，具纵棱，微被柔毛。羽状三出复叶。托叶镰状线形，长 3～5(7) 毫米，中央有 1 条脉纹，全缘或基部有 1 尖齿。叶柄细长。小叶倒卵形、阔卵形、倒披针形至线形，长 15～25(30) 毫米，宽 5～15 毫米，先端钝圆或截形，基部阔楔形，边缘具不整齐疏浅齿，上面无毛，粗糙，下面散生短柔毛，侧脉 8～12 对，平行直达齿尖，两面均不隆起，顶生小叶稍大，具较长的小叶柄，侧小叶的小叶柄短。

总状花序长 6～15(20) 厘米，腋生，具花 30～70 朵，初时稠密，花开后渐疏松，花序轴在花期中显著伸展。苞片刺毛状，长约 1 毫米。花长 3.5～7 毫米。花梗与苞片等长或稍长。萼钟形，长约2毫米，脉纹5条，甚清晰，萼齿三角状披针形，稍不等长，比萼筒短。花冠黄色，旗瓣倒卵形，与翼瓣近等长，龙骨瓣稍短或三者均近等长。雄蕊筒在花后常宿存包于果外。子房卵状披针形，胚珠4～8粒，花柱长于子房。荚果卵形，长3～5毫米，宽约2毫米，先端具宿存花柱，表面具凹凸不平的横向细网纹，棕黑色。有种子1～2粒。种子卵形，长2.5毫米，黄褐色，平滑。花期5—9月，果期6—10月。

第三节　草木樨的主要栽培技术

一、播前准备

1. 选地

选择黏土、沙土、砂砾土均可生长，尤喜石灰质中性或微碱性的壤土，过酸土质施石灰。施用磷钾肥，增产更显著。播前需整平耙细，并注意保墒。

2. 种子处理

草木樨种子有40%～60%的硬籽，尤其是新收种子或干旱年份收的种子硬籽率更高，种皮坚硬，不易发芽，播前应擦种，掌握以果皮脱落、种皮发毛、种子不破裂为度。或用10%的盐酸或硫酸溶液浸泡6～60分钟，然后取出洗净，以提高发芽率。

二、播种

1. 播种期

中国北方地区适于春播或夏播。春播宜早。土质解冻8～10厘米后即可播种，免受早春干旱的影响和杂草的为害，且根系发育好有利于安全越冬。适宜播月在5月末至6月初，这时整地可将发芽的杂草除去，减少对幼苗的为害，且进入雨季对幼苗生长提供很好的温度、光照、水分条件，可霜后放牧。

2. 播种量

条播11.5～19千克/公顷。留种田用播量为8～14千克/公顷为宜。

3. 播种方式

条播、撒播、点播均可。条播行距为收草的30厘米。用种田为45～60厘米。

播深2～3厘米。干旱地区可采用开深沟浅覆土法，踩格子或镇压，以保苗全、苗壮、苗齐。

三、田间管理

1. 中耕除草

草木樨第一年地上部生长缓慢，幼苗期苗高10～20厘米时进行除草，分枝期及刈割后应松土，上冻前培土。每次收割后，应进行灌溉、追肥、中耕松土及除草，促进再生能力。

2. 水肥管理

草木樨喜磷，对磷肥反应敏感、利用难、溶性磷能力强，因此增施磷肥能促进生长和增强固氮能力，特别是在缺磷的土壤上，增产效果突出。此外，增施钾肥、微硼肥、钼和接种根瘤菌，其增产效果更佳。草木樨忌湿，尤其根系膨大后，应及时开沟排水。越冬前应灌水，以利于安全越冬。

四、留种与收获

牧草收割适宜期应把握单位面积内营养物质最高且对植株寿命无影响为宜。收获茎高在50厘米左右，此时收割营养物质产量高，根部养分蓄积到一个相当高的水平，易再生。收获过早(现蕾前)虽蛋白质含量高，饲用价值高，但产量很低，根部养分蓄积量少，不易再生；收获过迟，草原老化，饲用价值低，茎基部新枝多，割收老嫩不齐，调剂困难。也可根据情况而定，青饲宜早，制干草宜偏晚，收割时应留茬10厘米左右，有利于再生。如需制种，应选地势较高，排水良好的地块进行，适量施用基肥及磷钾肥。草木樨花期长，种子成熟时期，结蕾期每公顷用浓度0.02%的硼酸溶液喷3次左右，促进花粉管伸长，减少落花，以头茬留种为好，当植物上有2/3荚果变成黑褐色或黄色，株下部种子变硬时，就可采收了。采收时趁早晨露水干前收割，随后晒干、脱粒、贮藏。

五、病虫害防治

1. 病害

病害主要有白粉病、霜霉病，可用波尔多液、石灰硫黄合剂、多菌灵、甲基托布津进行防治。

2. 虫害

虫害主要有蚜虫、盲椿象、潜叶蝇等虫害，可用乐果、敌百虫防治。

参考文献

1.草木樨.植物智[引用日期 2019-12-19].

2.高作民,朱全军.草木樨的栽培要素[J].黑河科技,2003(2):10-11.

3.朱忠华,任德全,罗超.草木樨药材的生药学研究[J].中国药房,2017(36):5136.

第十七章　沙　打　旺

第一节　概　　述

沙打旺

一、起源与分布

沙打旺(*legnminosae adsurgens* Pall.)是豆科黄芪属多年生草本,又名直立黄芪、斜茎黄芪、麻豆秧、薄地犁、苦草、地丁等。沙打旺是干旱、半干旱地区进行人工种草和改良天然草地的首选草种之一,对恢复植被、维护生态平衡、改变自然面貌、保持水土、促进农牧业生产均具有重大战略意义。

沙打旺为亚洲大陆种,原产于我国黄河故道地区,即山东、河南、河北、江苏北部等地区,有数百年的栽培历史,是我国特有的牧草、绿肥和水土保持兼用型植物。我国东北、西北、华北、西南等地均有野生种,常生于山坡、沟边和草原上,在海拔3 000多米的山地也有分布。目前,已推广到陕西、山西、内蒙古、黑龙江、辽宁、吉林等地区,并已成为陕北风沙区、黄土沟壑区飞播种草、改善生态环境的首选草种。俄罗斯、日本、朝鲜、蒙古国等国也有野生种分布。

二、主要价值与利用

沙打旺生长迅速,产量高,营养丰富。它的显著特点是抗逆、高产、优质。沙打旺用途较广,是北方干旱半干旱地区治理风沙、保持水土、改良草场、土壤的主要植物。

1. 饲用价值

沙打旺是干旱地区的优质牧草品种,它的生长期长,会比同期播种的紫花苜蓿长出1～1.5个月。叶量丰富,占到了总重量的30%～40%。营养丰富,营养期茎叶含有粗蛋白质5%左右。可直接作马、牛、羊、骆驼、猪、兔等大小牲畜青饲料,适口性较差。也可制成青贮、干草和发酵饲料。干草的适口性会优于其他的牧草品种。可在天然草场和人工草场放牧,也可割草喂饲。

2. 肥用价值

沙打旺是一种优质的绿肥，由于沙打旺的根瘤多，固氮能力很强，茎叶中氮含量1.1%～3.8%、磷含量0.15%～0.36%、钾含量1.4%～1.6%，每千克鲜草中的氮含量，相当于硫酸铵8.5～28.5千克。在沙地上种植，可以帮助该沙地上的植株生长，提高产量。也可直接压青作基肥，异地压青作追肥，或以其秸秆制作堆、沤肥。

3. 生态价值

沙打旺防风固沙能力强，在黄河故道等风沙危害严重的地区，种植沙打旺可减少风沙危害、保护果林、防止水土流失和改良土壤。

4. 燃料价值

沙打旺的茎秆可以作燃料使用。当沙打旺长到两年以上，茎秆变得粗壮，适口性会变得很差，如果缺少燃料，可以将沙打旺的茎秆作为薪柴使用。

第二节　沙打旺的特征特性

一、生物学特性

沙打旺适应性较强，具有耐寒、耐瘠、耐盐、抗旱、抗风沙的能力，在我国北方能安全越冬，在一般杂草和牧草不能生长的瘠薄地上，仍能生长。沙打旺因固沙固土能力强，在风沙地区，特别是在黄河故道上种植，播种当年即可成苗，生长迅速，并超过杂草，还能固定流沙。

沙打旺为旱生、半旱生植物，喜温暖气候，适于在年均温8～15℃、年降水量300～500毫米的地区种植，在气温20～25℃时生长最快。发芽要求土壤水分不低于11%，最好在15%～20%，土壤温度10℃以上。沙打旺的越冬芽至少可以忍耐−30℃的地表低温，连续7天日平均气温达4.9℃时越冬芽即开始萌动。种子发芽的下限温度为10℃左右。茎叶可抵御的最低温度为−10～−6℃。生长速度与降水有密切关系，降水多时，生长速度快，但怕水淹，在排水不良或积水的地方，易烂根死亡。

沙打旺对土壤要求不严，适于在沙壤土上生长，以pH 6～8最适宜。沙打旺寿命中等，可连续利用4～5年，生长高峰为第三年，第四年则开始衰退。

二、植物学特性

多年生草本，高 20～100 厘米。根较粗壮，暗褐色，有时有长主根。茎多数或数个丛生，直立或斜上，有毛或近无毛。羽状复叶有 9～25 片小叶，叶柄较叶轴短。托叶三角形，渐尖，基部稍合生或有时分离，长 3～7 毫米。小叶长圆形、近椭圆形或狭长圆形，长 10～25 (35)毫米，宽 2～8 毫米，基部圆形或近圆形，有时稍尖，上面疏被伏贴毛，下面较密。

总状花序长圆柱状、穗状、稀近头状，生多数花，排列密集，有时较稀疏。总花梗生于茎的上部，较叶长或与其等长。花梗极短。苞片狭披针形至三角形，先端尖。花萼管状钟形，长 5～6 毫米，被黑褐色或白色毛，或有时被黑白混生毛，萼齿狭披针形，长为萼筒的 1/3。花冠近蓝色或红紫色，旗瓣长 11～15 毫米，倒卵圆形，先端微凹，基部渐狭，翼瓣较旗瓣短，瓣片长圆形，与瓣柄等长，龙骨瓣长 7～10 毫米，瓣片较瓣柄稍短。子房被密毛，有极短的柄。荚果长圆形，长 7～18 毫米，两侧稍扁，背缝凹入成沟槽，顶端具下弯的短喙，被黑色、褐色或和白色混生毛，假 2 室。花期 6—8 月，果期 8—10 月。

第三节　沙打旺的主要栽培技术

一、播种

1. 种子处理

播种前应进行种子清选和处理，清选出杂草种子和杂质，以提高种子的纯度。此外，对种子进行无菌拌种、包衣处理，有条件时进行根瘤菌接种，播种效果会更好。

2. 播期

沙打旺一年四季均可播种，但以春播和秋播为主。在春旱严重的地区，以早春顶凌播种为好。在春季风大、土壤墒情不好的地区，可以夏季透雨后抢种，或秋季播种，也可以在初冬地面开始结冰时进行寄粒播种。沙害严重地区宜在风沙过后播种。夏末秋初的最终播期以其出苗后有一个多月的生长时间为度。

3. 播种方式及播种量

播种方式有条播、撒播和穴播 3 种方式，其中平地宜条播，坡地宜穴播，沙地宜撒播，要根据种植地的条件来确定，最常用的是条播。条播的行距控制在 30～40 厘米，穴播的株距控制在 30～35 厘米。播种量对于产量的影响极大，并且不同的用途播种量也不同，用于生产牧草每亩的播种量为 0.2 千克，保苗 3 000～4 000 株，用于收种子则播种量为 0.1 千克，保苗 2 600～3 000 株，播后覆土 1～2 厘米。在干旱风沙大的地区，常采用"垄上深播后耢土"法，即将种子播到湿土层，覆土 8～10 厘米。沙打旺除单播外，还可与苜蓿、胡枝子、无芒雀麦、苇状羊茅、冰草等其他草种混播。

二、田间管理

1. 水肥管理

沙打旺种子比紫花苜蓿种子还小，播前必须深耕细耙，并施农家肥或磷肥作基肥。沙打旺很耐瘠薄，耐旱而不耐涝，当土壤水分过多时，要及时排水。在干旱地区或在干旱季节，有灌溉条件时，早春或刈割后施肥浇水，能显著增加产草量。种子田生长后期要控制水肥，以免徒长影响结实。沙打旺是豆科植物，一般不必施氮肥。但豆科作物需磷较多，在缺磷土壤上，施用磷肥可以显著提高产量，磷肥除作基肥外，还可根据情况在秋末或春季返青时追施。

2. 中耕除草

沙打旺幼苗期生长缓慢，易受杂草为害，要注意及时清除杂草。补播改良草地时，播前要清除部分原有植被，削减原有植被的竞争能力。

三、留种

沙打旺的花期较长，荚果成熟不一，成熟荚易自然开裂，应注意分期及时采荚收种。

四、病虫害防治

生长期间若发生根腐病、白粉病、叶斑病及蚜虫危害时，要及时防治。菟丝子的寄生对沙打旺常常造成毁灭性的打击，要及时拔除病秧或用鲁保 1 号菌剂喷杀。

参考文献

1.斜茎黄耆,植物智[引用日期 2019-12-19].
2.彭爽.沙打旺牧草的优点及栽培技术[J].现代畜牧科技,2020(7):54-56.

第十八章　柠条锦鸡儿

第一节　概　　述

柠条锦鸡儿

一、分布

柠条锦鸡儿是豆科锦鸡儿属植物，别名大白柠条、老虎刺、马集柴、毛条、宁条、牛筋条、柠条、白柠条。我国主要分布于内蒙古西部、陕西北部及宁夏，是我国西北、华北、东北西部水土保持和固沙造林的重要树种之一。蒙古国也有分布。

二、主要变种

短荚柠条（*Caragana korshinskii* Kom. f. *brachypoda* Liou f.）：荚果短，长1.5～2.2厘米。

三、主要价值与利用

（一）饲用价值

开花期鲜草干物质含粗蛋白质15.1％、粗脂肪2.6％、粗纤维39.7％、无氮浸出物37.2％、粗灰分5.4％。含钙2.31％，磷0.32％。产草量高，但适口性较差。

1. 放牧

柠条锦鸡儿草场一年四季都可放牧利用，春季萌芽早，枝梢柔嫩，羊和骆驼喜食；春末夏初，连叶带花都是牲畜的好饲料；夏、秋季采食较少，初霜期后又喜食；冬季更是“驼、羊的救命草”。

2. 加工干草

柠条锦鸡儿的粗老枝条经粉碎加工成草粉，冬季及早春补饲绵羊及山羊，适口性也很好。柠条锦鸡儿的荚果及种子也是很好的饲料，据分析，其种子中含粗蛋白质27.4％，淀粉31.6％，将其种子加工处理后喂羊，对羊的催肥作用不亚于大豆。

(二)生态价值

柠条锦鸡儿株丛高大,枝叶稠密,根系发达,具根瘤菌,不但防风固沙、保持水土效果好,而且枝干、种实的利用价值也较高,是我国荒漠、半荒漠及干草原地带营造防风固沙林、水土保持林的重要树种。

(三)燃料价值

柠条锦鸡儿的枝干含有油脂,外皮有蜡质,干湿均能燃烧,火力强。据测定,其热值为19 799 千焦/千克,为标准煤热值(29 732.4 千焦/千克)的66.59%,是良好的薪材。

(四)食用价值

结实繁多,种子产量高。种子中含粗蛋白质27.4%、粗淀粉31.6%、粗脂肪12.28%,营养价值很高,但含有单宁(1.98%)、生物碱(0.43%)而带有苦涩味,也可采用蒸煮、浸泡的办法去除苦味作饲料,可用来榨制非食用油。此外,开花繁茂,为优良蜜源植物。

(五)经济价值

枝干的皮层很厚,富含纤维,于5—6月采条剥皮,沤制成“毛条麻”,可供拧绳、织麻袋等。

(六)肥料价值

柠条锦鸡儿也是优良沤绿肥原料。

第二节　柠条锦鸡儿的特征特性

一、生物学特性

柠条锦鸡儿生长于半固定和固定沙地,常为优势种,喜光,适应性很强,既耐寒又抗高温。在年平均气温1.5 ℃,最低气温－42 ℃,最深冻土层深达290厘米的内蒙古锡林郭勒,能正常安全越冬。耐高温程度与小叶锦鸡儿相同,叶片受伤温度55 ℃,致死温度为60 ℃。极耐干旱,既抗大气干旱,也较耐土壤干旱。其凋萎系数为5.28%。据观测,在0～190厘米根层内,沙地含水率极值为0.3%的情况下仍能生长,1.90%～3.04%时生长健壮,但不耐涝。喜生于石灰质土壤、pH 7.5～8.0 的灰栗钙土,土石山区可成片分布,在贫瘠干旱沙地、黄土丘陵区、荒漠和半荒漠地区均能生长。而在沙壤土上生长迅速,年均高生长量达 67 厘米。毛条具有根瘤菌,有固氮性能。

二、植物学特性

灌木,有时小乔状,高 1～4 米。老枝金黄色,有光泽。嫩枝被白色柔毛。羽状复叶有 6～8 对小叶。托叶在长枝者硬化成针刺,长 3～7 毫米,宿存。叶轴长 3～5 厘米,脱落。小叶披针形或狭长圆形,长 7～8 毫米,宽 2～7 毫米,先端锐尖或稍钝,有刺尖,基部宽楔形,灰绿色,两面密被白色伏贴柔毛。

花梗长 6～15 毫米,密被柔毛。花萼管状钟形,长 8～9 毫米,宽 4～6 毫米,密被伏贴短柔毛,萼齿三角形或披针状三角形。花冠长 20～23 毫米,旗瓣宽卵形或近圆形,先端截平而稍凹,宽约 16 毫米,具短瓣柄,翼瓣瓣柄细窄,稍短于瓣片,耳短小,齿状,龙骨瓣具长瓣柄,耳极短。子房披针形,无毛。荚果扁,披针形,长 2～2.5 厘米,宽 6～7 毫米,有时被疏柔毛。花期 5 月,果期 6 月。

第三节 柠条锦鸡儿的主要栽培技术

一、播种前准备

1. 选地与整地

种植柠条锦鸡儿应选择年≥10 ℃的积温 3 000 ℃以上地区的固定、半固定沙地或覆沙地。一般除严重的风蚀地段外，播前均应进行耕翻整地。此外，为防止播种后鼠、兔等掘食种子，播前应在播区内进行消灭鼠、兔工作。

2. 种子处理

播前应对柠条锦鸡儿种子进行清选并做品质鉴定，在从外地调入种子时，要进行严格的检疫，以免将病虫害带入。

二、播种

1. 播种期

柠条锦鸡儿旱直播时，要求土壤含水率不低于10%。因此，一般应在6—7月雨季抢墒播种，此时温度高，土壤水分充足，有利于出苗。

2. 播种方式

播种覆土深度以3厘米左右为宜，播种量每亩0.25～0.5千克，条播，行距1.5～2米。播后应及时镇压以利于抓苗，并可防止风蚀。

三、中期管理

1. 围封管理

柠条锦鸡儿在幼苗阶段生长缓慢，因此，播后最少应围封3年，严禁放牧，以利于幼苗生长。

2. 平茬复壮

柠条锦鸡儿的寿命较长，可以一年种植多年利用。当其生长8～10年后，植株表现衰老，生长缓慢，有枯枝现象或病虫害严重时，应及时进行平茬，以延长其寿命，恢复生机，重新繁茂地生长。平茬的方法是，于立冬至第二年春天解冻前，把地上的枝条全部用锋利的刀具割掉。有条件的，可用灌木平茬机进行平茬。

四、收获

柠条锦鸡儿种子成熟不一致，因种类、地区、地形以至于同一株上不同的方向等成熟有先后之分，在甘肃沙区于6月中下旬成熟，在内蒙古沙区7月上中旬成熟。种子成熟后4～5天，果荚就开裂，籽粒散落，应注意适时采收，随熟随采。成熟的种子，荚果果皮变硬稍干，种子无浆并能分成豆瓣，呈现出种子成熟时所固有的色泽。采收以手摘的方式进行。采收荚果后应及时干燥、脱粒。种子应放置在通风干燥下保藏。

五、虫害防治

虫害　包括柠条豆象、柠条小蜂、柠条荚螟和柠条象鼻虫等。

防治方法

①播种前用 60～70 ℃水泡种子 5 min,杀死幼虫,打捞漂浮种子并焚毁。

②开花时喷洒 50%百治屠 1 000 倍液,毒杀成虫。5 月下旬喷洒 80%磷铵 1 000 倍液,或 50%杀螟松 500 倍液,毒杀幼虫,并兼治种子小蜂、荚螟等害虫。

③无虫种子比有虫种子的千粒重高,可用风扇、簸箕选种,再用 1%的食盐水浸选,捞出漂浮的种子,集中焚毁。但对下沉的种子要用清水洗净,以免影响发芽力。

④做好种子调运时的检疫工作,杜绝害虫传播蔓延。

参 考 文 献

1. 王海东. 张家口树木[M]. 北京:中国林业出版社,2017.

2. 贾慎修. 中国饲用植物志. 第二卷[M]. 北京:农业出版社,1989.

3. 柠条锦鸡儿. 植物智[引用日期 2019-12-19].

4. 罗伟祥,刘广全,李嘉珏,等. 西北主要树种培育技术[M]. 北京:中国林业出版社,2007.

5. 中国科学院中国植物志编辑委员会. 中国植物志. 北京:科学出版社,1993.

第十九章 羊 柴

第一节 概 述

羊柴

一、分布

羊柴（*Hedysarum laeve Maxim in* Bull. *Act. Acad. Sci peteish* 或 *Hedysarum mongdicum Turcz* Var.）又名杨柴，是豆科岩黄芪属，多年生半灌木。根系较发达，固氮能力强。具有地下茎，有很强的营养繁殖能力，是防风固沙和治理水土流失的理想植物，且干草的适口性好，是一种优良饲料。主要分布在内蒙古伊盟、乌盟及陕西榆林等暖温型干草原黄土丘陵浅氮沙草场和荒漠草原、沙地草场。

二、主要价值与利用

1. 生态价值

羊柴采用封沙育林，自然繁殖很快，既可利用天然下种，又可利用串根成林。羊柴具有丰富的根瘤，利于改良沙地，并提高沙地的肥力。羊柴还具有抗风沙、耐高温、耐干旱、耐贫瘠等特点。作为防风固沙的先锋植物，羊柴发挥了重要作用。

2. 饲用价值

羊柴为优良牧草，饲用价值很高。据分析，羊柴营养期干草含干物质 87.87%、粗蛋白质 25.41%、粗脂肪 2.84%、粗纤维 35.57%，无氮浸出物 18.12%、粗灰分 5.93%。鲜草时味苦涩，牲畜只采食其幼嫩枝、叶、花与果实。刈割调制成干草后其色长期青绿不变，适口性显著改善，各种家畜都能采食。如果粉碎成草粉，进行深加工制成颗粒和饼状饲料，其利用率可达 100%，且比干草的适口性好。

除此之外，它还可作为城乡绿化的观赏花卉。

第二节　羊柴的特征特性

一、植物学特征

羊柴高 1～2 米，主根为圆锥形，入土深度在 2～3 米，侧根主要分布在 15～70 厘米的土层内，上面长有根瘤。幼茎绿色，生长多年的老茎为灰褐色，质地坚硬。树皮条状纵裂，茎多分枝。叶互生，阔线状，披针形或线椭圆形，小叶柄极短。总状花序，腋生，花紫红色，色泽鲜艳，花的柱头上有蜜腺，蜜的色泽是黄白色，气味纯正，具有无限的开花习性，花期为 6 月下旬到 9 月上中旬。果实为荚果，具 1～3 节，每节荚果内有一粒种子，荚果扁圆形。种子卵圆形，黄褐色，千粒重 8.5～15 克。

二、生物学特性

1. 寿命长

羊柴为多年生牧草，寿命长，一次种植数年不衰。直播后的第一、第二年生长缓慢，主要是生长根系。根与地上部分长度之比为 3∶1。三年后形成产量，4～6 年产量较高而且稳定。

2. 抗逆性强

羊柴是耐旱、抗风沙、耐寒、耐热、耐瘠薄和喜沙性土壤的植物，抗逆性强，适于在干旱和半干旱地区的沙质土壤中生长。在年降水量 250～350 毫米，干旱、风沙大的地区，其他牧草均由于干旱而生长缓慢，甚至濒于死亡时，羊柴仍能旺盛生长。冬季可在坝上地区安全越冬，不宜在黏重和盐碱土壤中种植。

3. 株丛繁茂

羊柴既可以繁殖种子，又可以通过根茎生长扩大它的株丛。羊柴根须粗大，可长出 2～30 个分枝，具地下横走根茎 2～10 条，在距地面 20～40 厘米处生长，此处可产生不定根和不定芽，因而可形成许多新植株。

第三节　羊柴的主要栽培技术

一、播种前准备

1. 选地与整地

种植羊柴应选择沙质土壤，在沙地上种植则不需要整地。在稍黏重的土壤种植一定要深耕细耙，达到地平、土碎、无坷垃，否则易造成播种深浅不均。如果羊柴种子破土力弱，会导致出苗不整齐。

2. 种子去皮处理

羊柴种子荚皮较厚，不易与种子剥离，透水性差，阻碍水分的渗入，使种子不能吸胀萌发，发芽率低。处理方法是在播种前用普通碾米机碾压处理两遍，使荚皮起毛或破裂，但不至于碾碎种子为度，这样可提高种子的发芽率和出苗率。

二、播种

播种期应在 6 月上旬，因此时雨热同期条件好，有利于种子萌发，易抓苗。播种方法采用人工或机械条播，均要求落种均匀。播种量每亩 2 千克，覆土厚 1 厘米左右为宜，并进行镇压，使种子与土壤紧密接触，以利于种子吸水萌发和防止幼苗在生长过程中吊根死亡。

三、田间管理

播种后一般 10 天出苗，幼苗生长缓慢，应防止人、畜践踏。3 年后形成产量，一般亩产青干草 260 千克，亩产种子 13 千克。

参考文献

塔落岩黄芪. 植物通[引用日期 2013-11-11].

第二十章 三 叶 草

第一节 概 述

三叶草

一、起源与分布

三叶草(英文名称:Shamrock),是多种拥有三出指状复叶的草本植物的通称,主要包括三类:豆科的车轴草属(被认为是最正宗的三叶草)和苜蓿属、酢浆草科的酢浆草属中的某些种类。

白三叶(白车轴草)、红三叶(红车轴草)、杂三叶(杂种车轴草)属于豆科车轴草属(*Trifolium*)的重要牧草栽培种,含丰富的蛋白质和矿物质,抗寒耐热,在酸性和碱性土壤上均能适应,这3种本属植物是我国很有推广前途的种。

三叶草原产于欧洲和北美,世界各地均有栽培,培育牧草品种最多的国家有澳大利亚、新西兰、英国、丹麦和荷兰。其他国家,如瑞典、德国、美国、法国、意大利、加拿大和波兰的育种家们也培育出许多著名品种。在中国主要分布在温带至热带地区,南到云南的勐腊县,北到黑龙江的尚志县均有野生种和栽培种的分布。中国的野生种和引进大面积推广种植的种或品种有10余个,引入试种过的种或栽培品种有200余个。在林边、路边、草地等湿润处常见。

在西方很多国家(如英国、美国)三叶草代表着幸运,因为它被认为是只有在伊甸园中才有的植物。在有些国家,扑克牌里面的梅花就是代表幸运的三叶草。三叶草的三叶代表真爱、健康和名誉。

二、主要价值

三叶草是农作物的良好前茬,还是果园地表覆盖的优良低矮作物,同时也是水土保持的养地作物。适于人工大面积种植。

(一)生态价值

1. 绿肥

三叶草常用来改良土壤,增加土壤有机质,有利培肥地力。三叶草生长快,生物产量高，一般亩产 3 000 千克，夏季自然枯死或刈割后翻入土壤中，可增加土壤肥力和有机质。

2. 防护堤岸

由于三叶草有良好的覆盖作用，所以可以有效避免雨水对土壤的冲刷和沉积作用。

(二)饲用价值

三叶草含丰富的蛋白质和矿物质，是优良牧草，具有抗寒耐热性，在酸性、碱性土壤上均能适应，耐刈割、耐修剪、耐践踏，再生能力强，适于放牧利用，也可刈割。

第二节　三叶草的特征特性

一、植物学特征

三叶草为多年生草本植物，生长期 2～5(9)年。主根深入土层达 1 米。茎粗壮，具纵棱，直立或平卧上升，疏生柔毛或无。掌状三出复叶。托叶近卵形，膜质，每侧具脉纹 8～9 条。叶柄较长，茎上部的叶柄短，被伸展毛或无。小叶卵状椭圆形至倒卵形，长 1.5～3.5(5)厘米，宽 1～2 厘米，先端钝，有时微凹，基部阔楔形，两面疏生褐色长柔毛，叶面上常有 V 字形白斑。花序球状或卵状，顶生。无总花梗或具较短总花梗，具花 30～70 朵，密集。花长 12～14(18)毫米。几乎无花梗。萼钟形，被长柔毛。花冠紫红色至淡红色，旗瓣匙形，先端圆形，微凹缺，基部狭楔形，明显比翼瓣和龙骨瓣长。子房椭圆形，花柱丝状细长，胚珠 1～2 粒。荚果卵形。通常有 1 粒扁圆形种子。花果期 5—10 月。

二、生物学特性

一般只有 3 片小叶子。直根性，根部有与根瘤菌共生的特性，根部分蘖能力及再生能力均强。分枝多，匍地生长，节间着地即生根，并萌生新芽。边开花，边结籽，种子成熟期不一，种子细小。三叶草植株矮并匍匐生长，耐刈割，又具自播能力，所以覆盖效果好。有固氮能力，对肥料要求不多。久旱时要注意浇水抗旱。适于排水良好、富含钙质的黏性土壤中生长。生长周期一般为 2～6 年，在温暖条件下，常缩短为二年生或一年生。

对土壤要求不严，可适应各种土壤类型，在偏酸性土壤上生长良好。喜温暖、向阳、排水良好的环境条件。干旱情况下生长缓慢，高温季节有部分枯死现象。耐修剪、耐践踏，再生能力强，修剪后 10 天内可长出更新小叶。高强度践踏或碾压后，3～5 天即可恢复。三叶草耐寒性强，气温降至 0 ℃时部分老叶枯黄，主根上小叶紧贴地面，停止生长，但仍保持绿色，因此，青绿期很长。抗有害气体污染和抗病虫害能力强。

第三节　三叶草的主要栽培技术

一、播种前准备

三叶草种子细小，播种前要细致整地。

1. 深耕

首先要进行深耕，其次要清除树桩、建筑垃圾、草根等杂物。庭院的草坪建植通常是在建筑完工后进行的，清除杂物后并用园土回填。

2. 除草

三叶草苗期生长缓慢，易受杂草为害，播前一定要对土壤进行处理，消灭杂草。经过深耕清理后，杂草草根和营养繁殖体大部分已除去，但是杂草种子和部分营养体还在土内，可通过浇水后等杂草长出进行灭生防除，或者采用土壤熏蒸法进行土壤消毒杀灭杂草种子。

3. 浅耕

播种前要进行浅耕，结合浅耕施入有机肥或复合肥，施肥后进行耙耱，精细整地，使坪床平整光滑，然后进行播种。

二、播种

三叶草最适生长温度为 19～24 ℃，当气温稳定在 15 ℃以上时即可播种。播种前进行浸种处理，每 1 千克种子加水 1.5 千克，另加钼酸铵 1 克浸种 12 小时，用钙镁磷肥 5～10 千克加细土或黄沙 5～10 千克拌匀后播种。可撒播也可条播，播种量为每亩 0.5～0.6 千克，条播时行距 15 厘米，播种宜浅不宜深，一般播深为 2 厘米左右。

三、田间管理

苗期生长缓慢，种子播入坪床后，每天早晨或傍晚进行喷水，始终使坪床表面保持湿润直至出苗，出苗后可减少喷水次数，但仍需精心管理。苗期管理 30～50 天，其间除注意浇水使坪床保持湿润外，还要随时清除杂草，主要是人工拔除，防止杂草为害。

三叶草由于其侵占性强，不需要进行中耕除草，由于固氮根瘤菌能吸收空气中的氮素，转化为植物可利用的形态。因此，施肥以磷钾肥为主，不施或少施氮肥。在生长旺季和越冬时，要供给充足的水分，以保证旺盛生长和安全越冬。盛夏前可进行一次刈割，并浇足水，使植株保持绿色。越冬前再刈割一次，浇足冬水。这样，翌年返青时，坪面上无枯黄的枝叶。

四、刈割

三叶草鲜草粗蛋白含量丰富，各种畜禽都喜食，常作为牧场上的主栽草种，也可刈割后饲喂家禽。同时，由于三叶草耐践踏、扩展快，草地一旦建成侵占力极强，为防止三叶草蔓延，应及时放牧或刈割。草高 20 厘米左右时即进行刈割，每年可割 3～4 次，割草时留茬不低于 5 厘米，以利于再生。

五、病虫害防治

三叶草主要病害有白粉病、霜霉病，虫害有蛴螬、蝼蛄。

(1)白粉病可用 25%多菌灵可湿性粉剂 500 倍液，或 25%三唑酮可湿性粉剂 2 000～3 000 倍液喷雾防治。

(2)霜霉病可用 65%代森锰锌可湿性粉剂 400～600 倍液，或 70%代森锰锌可湿性粉剂 600～800 倍液喷雾防治，每隔 7～10 天喷 1 次，连喷 2～3 次。

(3)蛴螬可用 50%辛硫磷乳油 1 000～1 500 倍液喷雾防治。

(4)蝼蛄可用6%蜗克星颗粒剂50～100克/米^{2}混合细沙土1.5～2.5千克，在傍晚撒于地表，杀灭率可达90%以上。

参考文献

1. 三叶草的种植价值.黔农网[引用日期2017-06-04].
2. National Flower of Ireland. gifting[引用日期2017-06-03].
3. 三叶草种子播种方法.黔农网[引用日期2017-06-06].
4. 岳临平.三叶草高产栽培技术[J].甘肃农业科技，2014(8)：69-70.

第二十一章　细枝岩黄耆

第一节　概　　述

细枝岩黄耆

一、分布

细枝岩黄耆(*Hedysarum scoparium* Fisch. et Mey.)是豆科岩黄耆属半灌木植物。西北地区普遍用作优良固沙树种,抗寒、抗旱、抗风沙、耐热、耐瘠薄能力很强,喜生于沙区荒漠生境。分布于中国新疆北部、青海柴达木东部、甘肃河西走廊、内蒙古、宁夏。哈萨克斯坦额尔齐斯河沿河沙丘和蒙古国南部也有分布。生于半荒漠的沙丘或沙地,荒漠前山冲沟中的沙地。

二、主要价值

1. 饲用价值

细枝岩黄耆嫩枝稠密,花序长而繁茂,适口性好,饲用价值高,是牲畜喜食的饲用灌木。牛、羊、马喜食幼嫩枝叶和花,骆驼一年四季喜食。可以放牧,也可以采收嫩枝、鲜叶、花序青饲或调制干草后补饲。每亩 3 年生的幼林,每年可采集鲜枝叶 100 千克,可供 3 个羊单位一年的补饲所需。幼嫩枝叶产量,在 10 年内一般随株龄的增加而增加,生长稳定后,产量开始逐年下降。

2. 燃料价值

细枝岩黄耆是速生高产燃料灌木种,枝条坚硬,火力强而持久,适于平茬采伐烧柴,收获产量很高。株龄 6～9 年的平茬采伐量每亩 2 000～5 000 千克,即每年平均每亩生长量为 356～583 千克。6 龄平茬后,次年新生株丛平均高达 2.2 米,冠幅 2.6 米,地径 1.9 厘米,相当于 3～4 龄株体。

3. 生态价值

细枝岩黄耆适于在荒漠、半荒漠丘间低地、低山残丘和流动、半流动沙丘上播种,防风固沙,保持水土。

除此之外，细枝岩黄耆是很好的蜜源植物。幼嫩枝叶肥分含量高，木质化程度低，沤制易腐烂，可作绿肥压青，肥田增产。也可作为采麻用纤维植物。

第二节 细枝岩黄耆的特征特性

一、植物学特性

半灌木，高 80～300 厘米。茎直立，多分枝，幼枝绿色或淡黄绿色，被疏长柔毛，茎皮亮黄色，呈纤维状剥落。

托叶卵状披针形。褐色干膜质，5～6 毫米，下部合生，易脱落。茎下部叶具小叶 7～11，上部的叶通常具小叶 3～5，最上部的叶轴完全无小叶或仅具 1 枚顶生小叶。小叶片灰绿色，线状长圆形或狭披针形，长 15～30 毫米，宽 3～6 毫米，无柄或近无柄，先端锐尖，具短尖头，基部楔形，表面被短柔毛或无毛，背面被较密的长柔毛。

总状花序腋生，上部明显超出叶，总花梗被短柔毛。花少数，长 15～20 毫米，外展或平展，疏散排列。苞片卵形，长 1～1.5 毫米。具 2～3 毫米的花梗。花萼钟状，长 5～6 毫米，被短柔毛，萼齿长为萼筒的 2/3，上萼齿宽三角形，稍短于下萼齿。花冠紫红色，旗瓣倒卵形或倒卵圆形，长 14～19 毫米，顶端钝圆，微凹，冀瓣线形，长为旗瓣的 1/2，龙骨瓣通常稍短于旗瓣。子房线形，被短柔毛。

荚果 2～4 节，节荚宽卵形，长 5～6 毫米，宽 3～4 毫米，两侧膨大，具明显细网纹和白色密毡毛。种子圆肾形，长 2～3 毫米，淡棕黄色，光滑。花期 6—9 月，果期 8—10 月。

二、生物学特性

细枝岩黄耆为沙生、喜光树种，适于流沙环境，喜沙埋，抗风蚀，耐严寒酷热，枝叶茂盛，萌蘖力强，防风固沙作用大。耐旱、耐热，适应性强，适合土地改良。根系发达，主、侧根都极发达，能贮存较多的水分和养分，对成活有利；叶片表面被有深厚的角质层，叶片内维管束、栅栏组织高度发达，利于水分的补充和营养的输送。易燃，自身含水分低，故蒸发量小，可做沙漠中的燃料；耐高温，其茎秆外部包着数层尚未剥落的茎皮，即使沙面温度高达 50～60 ℃，茎秆也不会被灼伤；耐旱，在含水率仅为 2%～3%的流沙上，干沙层厚达 40 厘米时，它仍能正常生长。耐沙埋，抗风蚀沙埋，一般 1 年生幼苗，能忍耐 15～20 厘米风蚀，壮龄植株可忍耐 1 米的风蚀，沙越压越旺，一般沙埋梢头达 20 厘米时，仍能萌发新枝，穿透沙层；耐瘠薄，细枝岩黄耆具有根瘤，能固定空气中的氮以供给自身需要，因而在瘠薄的沙地上能旺盛生长，有良好的改土效果。

第三节　细枝岩黄耆的主要栽培技术

一、繁殖方法

1. 采种

采种期在 10 月下旬，应掌握成熟时机，当荚果由绿色转变为灰色时，就应及时采收。采种时，要选择 5 年以上的壮龄母树，幼树虽也结实，但种子发育不健全，秕子很多。采时要防止损伤枝干。采集的果实要及时摊晒，去掉枝叶杂质后再晒一遍，然后放在干燥通风处贮藏。种子千粒重 25～40 克。晒干至含水率为 7.3%、发芽率为 94%的种子，保存至第 5 年，发芽率还可达 80%以上。发芽力的保存期较长，应趁丰年尽量多采，以备歉年所需。

2. 育苗

育苗圃地以沙质、轻壤质的土地为好。在春季播种前一年秋天施肥、深翻、整地、灌底水，于早春土壤解冻的 3 月中下旬至 4 月上旬，抢墒播种。播种前 5～10 天，把种子用温水浸泡 2～3 天后，混合湿沙堆放催芽，注意观察，适当加水，保持湿润，看到少量种子开始裂口露白尖时即可播种。每亩播种量 6～8 千克。播种方法采用大田式育苗，多为行距 25 厘米的条播，或行距 15～20 厘米、带距 40 厘米的 3 或 4 行式带状条播，深 3～4 厘米，覆土后轻镇压使种子接上底墒。苗期的抚育大致同一般树种。但幼苗阶段，土壤不过于干旱时，不宜多浇水，浇水过量，常出现死苗。细枝岩黄耆当年生苗高可达 80～100 厘米。一般高 40 厘米以上，地径 0.4 厘米以上就可出圃造林。

3.播种

在雨季来临前做好准备工作，抓紧透雨后播种。土壤水分条件好，也可在春季进行人工播种。在播种过程中须做好鼠害防治工作。通常在丘间低地用行状穴播，行距 2 米，穴距 1～2 米，每穴播种 20～30 粒，每亩 0.2～0.4 千克。在沙丘迎风坡中、下部设沙障，在障间穴播。也可用块状播种，块的大小为 0.5 米×0.5 米或 1 米×1 米，块间距 3 米×3 米，于块地内条播 3～5 行，或穴播 5～9 穴，每亩播种量 0.5～1 千克。当块内苗木长大后，还可间出部分幼苗就近栽植，扩大造林面积。

4.扦插

可结合平茬复壮，采集 1～2 年生的萌发枝条，选用粗 0.7～1.5 厘米的枝段，截成长 50～60 厘米的插穗，放在清水中浸泡 1～2 昼夜后，取出造林，插条露出地面 1～2 厘米。在水分条件好或能灌溉的丘间低地和滩地上，扦插成活率高，生长好。

二、植苗造林

对苗木规格要求不严，但干茎必须木质化，苗根不要劈裂。春植成活率一般为 80%～90%，秋后造林则较低。栽时挖穴需深，防止窝根。在水分条件差处造林，需适当浇水。株行距一般为 2 米×2 米，在沙地上固沙造林，株距 1 米，行距 3 米。

三、抚育管理

造林当年的 6 月间，过于干旱时需浇水补墒。在有杂草为害的幼林地，造林当年或翌年需进行穴状或带状松土除草。在沙丘上的造林头 1～2 年，要及时注意沙障的修补和对遭受风蚀、沙埋林木的培土或刨沙保护。为了促进幼林的速生，于造林后第 2～3 年，可进行一次平茬复壮。

四、病虫害及防治

(1)白粉病　注意勿使苗木过密，圃地过湿。得病后用 0.3 波美度石硫合剂每隔半个月喷洒一次，或于刚发现时即用波尔多液喷洒，防止蔓延。

(2)蚜虫　喷洒 40%乐果乳剂 2 000～3 000 倍液进行防治。

(3)古毒蛾　冬、春间，卵孵化前，收集并消灭虫茧。幼虫群居性强，可用人工剪除叶片火烧。幼虫期用 90%敌百虫 1 000 倍液喷洒。

(4)鼠害　鼠害防治要和当地鼠害综合治理结合起来，采用环保低毒的药物等诱杀。如人工捕杀，可用鼠夹、鼠笼等消灭鼠害。

参考文献

1. 细枝岩黄耆. 植物智[引用日期 2019-12-19].

3. 张军莉，张军红，蔡云辉. 防风固沙先锋树种花棒栽培技术[J]. 内蒙古林业科技，2008(9)：15;63-64.

第二十二章　扁　蓄　豆

第一节　概　　述

扁蓄豆

一、分布

扁蓄豆[*Melissitus ruthenicus*(L.) Peschkova]是豆科、扁蓄豆属多年生草本植物,又称花苜蓿、野苜蓿。牧草作物,典型草原和沙性植被的伴生种,稀见于草甸草原。

扁蓄豆分布于中国、朝鲜、蒙古国、俄罗斯等国。我国以东北、内蒙古、宁夏、甘肃、山西、陕西、四川等省(自治区)多见,生于草原、沙质地、荒草地及定沙丘,也常见于疏林、灌丛和向阳山坡。

二、主要价值

扁蓄豆是世界上最有名的优良牧草之一,各种家畜终年喜食,喂食 2～3 周即可上膘。一是产草量高。水肥充足时,生长繁茂、枝多叶密,产鲜草 25 500～30 000 千克/公顷,一般栽培条件下也可达 18 000 千克以上。二是草质优良。富含粗蛋白质、维生素和无机盐,开花期的风干草含水分 10.1%、粗蛋白质 17.35%、粗脂肪 4.62%、无氢浸出物 22.41%、粗纤维 38.73%、灰分 6.88%。三是适口性好。扁蓄豆可和沙打旺混合喂饲多种家畜。扁蓄豆由于茎细、叶多、柔嫩,是牛、马、骡、驴、羊各种家畜喜食的牧草。扁蓄豆既可用于放牧、刈割青饲,又可调制干草,供冬、春季补饲。

第二节　扁蓄豆的特征特性

一、植物学特性

扁蓄豆高 20～80 厘米。茎直立或上升,有分枝。叶为三出复叶。托叶披针状锥形，有时基部有牙齿。顶生小叶倒卵形至长圆状倒披针形，或线形，长 6～20 毫米，宽 2～5 毫米，先端圆形或截形，有时微凹，中脉延伸成小尖头，基本楔形，边缘中部以上 1/3～3/4 处有锯齿，上面无毛，下面伏毛，叶脉明显。侧生小叶较小。

总状花序腋生，总花梗细长，有花 3～8 朵，花黄色，带紫色，长 5～6 厘米。萼钟状，长 2～2.5 毫米，萼齿比萼筒短。旗瓣长圆状倒卵形，翼瓣近长圆形，龙骨瓣较短。荚果扁平，长圆形或椭圆形，长 12～25 毫米(不包括喙长)，宽 3.5～5 毫米，顶端有弯曲的短而尖的喙，两面有网状脉纹，含种子 2～4 粒。花期 7—8 月，果期 8—9 月。

二、生物学特性

扁蓄豆抗逆性强，除耐旱特性外，还有幼苗肥大、苗期生长发育快等特点，有利于抑制杂草为害。对低温、病虫害也有较强的抗力，在－30 ℃能安全越冬。具有较强的耐沙压和固沙能力，扁蓄豆二年生覆沙厚度 4～6 厘米，三年生覆沙厚度 5～9 厘米，仍能生长发育良好，单株覆盖面积高达 1.65 米^2。为广幅旱生植物，野生种有直立丛生和半匍匐两种生态类型。直立丛生类型多见于干旱坡地和沙质地，是典型草原及沙生植被的伴生植物。半匍匐类型生长在水分条件较好的湿润地区，是羊草草地及其杂类草地的伴生植物。栽培种经长期的人工引种驯化，一般为直立状态，容易在微酸性至碱性土壤地带建植人工草地。

第三节　扁蓄豆的主要栽培技术

一、播种前准备

1. 选地

扁蓄豆适应性广，可以在各种地形、土壤中生长。但最适宜的条件是土质松软的沙质壤土，pH 为 6.5～7.5，冬季温度－20 ℃左右，年降水量在 300～800 毫米，不宜种植在低洼及易积水的地里。轻度盐碱地上可以种植，但当土壤中盐分超过 0.3%时要采取压盐措施。为了便于机械化运输及操作管理，尽量选择交通便利、大面积连片具有排灌措施的地块。

2. 整地

扁蓄豆种子小，苗期生长慢，易受杂草为害，播前一定要精细整地。整地时间最好在夏季，深翻、深耙一次，将杂草翻入深层。秋播前如杂草多，还要再深翻一次或旋耕一次，然后耙平，达到播种要求。

3. 施基肥

扁蓄豆有根瘤，能为根部提供氮素营养，一般地力条件下不提倡施氮肥。有关研究表明，扁蓄豆施磷肥后增产效果比较明显，且一次施足底肥和以后分期施肥效果基本一样。由于扁蓄豆生长过程中茎叶带走大量的钾，有条件的地方可适当施些钾肥以维持高产。为了防止苗期杂草的发生，播前将48%的氟乐灵（100毫升/亩）喷入土中，结合整地旋入5厘米土中，有效期可达3～5个月。

二、播种

（一）选种

扁蓄豆是多年生植物，一次播种后，少则利用2～3年，多则利用4～5年，一旦选错，几年受损。国内品种表现较好的有保定苜蓿、甘农1号杂花苜蓿、新疆大叶苜蓿、敖汉苜蓿、中苜1号耐盐苜蓿等。国外引进的比较好的有美国的皇后、WL323、WL320、安斯塔、百绿及日本的立若叶和北若叶苜蓿。国外引进的品种直立性好，利于机械化收割。

（二）种子处理

1. 清选种子

播种前种子必须清洗，使净度达90%以上，发芽率85%以上，纯度98%以上才行。

2. 种子包衣

按种子500千克＋包衣材料150千克＋黏合剂1.5千克＋水75千克＋钼酸铵1.5千克的配方进行，使种子在苗期不受病虫、杂草等的为害，才能健壮生长。

（三）播种时间

北方一年两熟地区，一般采用秋播。土壤水分充足，温度适宜，杂草和病虫害较少。在陕西、河北、山西、山东、天津、北京地区，以秋播最好，播种期为8月10日至9月10日，太晚影响正常越冬。

（四）播种方法及播种量

大部分地区以条播为主，行距30厘米，利于通风透光及田间管理。播种量一般为1千克/亩左右，采种田要少些，盐碱地可适当多些，播量过大苗容易细弱。播种深度是影响出苗好坏的关键，一般是播种过深，最佳深度为0.5～1厘米。

三、田间管理

1. 除草

一是在幼苗期，二是在夏季收割后，扁蓄豆生长势较弱，受杂草为害较为严重，特别是夏季收割后，水热同步杂草生长快，不论采取什么方法，一定要做到及时规范。选择除草剂要慎重，避免造成牲畜中毒。

2. 水分管理

扁蓄豆耗水量大，每生产1千克干物质需水800升。在冬前、返青后、干旱时要浇水。滨海、低洼地要注意雨季排水，水淹24小时扁蓄豆会死亡。

四、收获

一般在始花期，也就是开花达到1/10时开始收割，最晚不能超过盛花期。扁蓄豆为多年生植物，再生性强，每年可收割3～4次，最后一次收割不要太晚，否则影响养分积累，不利于安全越冬。一般收割后要留出40～50天的生长期。留茬高度以5厘米为宜。

五、病虫害防治

1. 霜霉病

波尔多液用0.5：1：100（硫酸铜：生石灰：水）喷雾或65%代森锌可湿性粉剂600～800倍液喷雾。药液需7～10天喷施一次，视病情连续喷施2～3次。

2. 白粉病

70%甲基托布津可湿性1 000倍液喷雾或40%灭菌丹800～1 000倍液喷雾或20%粉锈宁乳油3 000～5 000倍液喷雾。

3. 苜蓿锈病

增施磷钾肥和钙肥，适当施氮肥。发病草地尽快刈割。发病初期喷施20%粉锈宁乳油1 000～1 500倍液。

注意：杀虫剂能控制大部分害虫，但必须注意避免在苜蓿上的药物残留量，避免影响家畜的身体健康。

参 考 文 献

1. 花苜蓿. 植物智[引用日期 2019-12-19].

2. 花苜蓿. 中国植物物种信息数据库[引用日期 2013-09-25].

3. 苜蓿的种植与利用. 广西农业信息网[引用日期 2015-01-23].

4. 孟祥军. 苜蓿的种植与收割[J]. 养殖技术顾问，2012(6)：231.

5. 高海娟，柴凤久，刘泽东，等. 苜蓿的价值与利用[J]. 饲料博览，2014(3)：22-25.

第二十三章　红　豆　草

第一节　概　　述

红豆草

一、起源与分布

红豆草，学名驴食草（*Onobrychis viciifolia* Scop.）是豆科驴食草属多年生草本。红豆草是很古老的栽培牧草之一，已有 1 000 多年的种植历史。大约在 15 世纪，法国南部引入红豆草，到 16 世纪，红豆草已成为著名的饲料草，在欧洲广泛种植。目前栽培最多的有普通红豆草和高加索红豆草。

我国也有野生红豆草，主要分布在新疆天山北坡的 1 000～2 000 米半阴坡处。红豆草在我国已有 50 多年的引种栽培历史，目前栽培的红豆草主要分布于华北、西北温带地区，如甘肃、内蒙古、山西等，它是干旱地区一种很有前途的栽培牧草，分布区大致和紫花苜蓿相同，适应性强，喜温暖半干燥的气候条件，在海拔 3 500 米左右的甘南高寒牧区也能生长。

二、主要价值及利用

（一）饲用价值

红豆草花色粉红艳丽，饲用价值可与紫花苜蓿媲美，故有“牧草皇后”之称。适口性比紫花苜蓿和三叶草好，牛、羊、猪、兔均喜食，且食后不易得臌胀病。红豆草的耐牧性和再生性不如白三叶和紫花苜蓿。红豆草不仅返青早、枝叶鲜嫩，适口性好，而且营养价值也很丰富，适合大面积的牧草种植用于放牧，也可以用来制作干草使用。

（二）生态价值

1. 防风固沙

红豆草的根系发达，侧根很多，而且枝叶茂密，适应能力很强，是一种非常好的防风固沙植物。

2. 改良土壤

其根上有根瘤，固氮能力强，对改善土壤理化性质，增加土壤养分，促进土壤团粒结构的形成，都具有重要的意义，是一种非常好的绿肥植物。生产上可以直接将红豆草粉碎用来肥田，也可以沤制后使用，用来改善土壤环境、增加土壤肥力。

3. 观赏

红豆草花量大，花色有紫、粉、红等多种颜色，而且花期久，带有浓浓的香味，可以种植于景区、荒地，用来绿化、美化。

(三)蜜源价值

红豆草开花时香气四溢，花量多、开花早，花期长达 2～3 个月，而且花朵含蜜量很高，每亩可产蜜 7～13 千克，可作为良好的蜜源。

第二节 红豆草的特征特性

一、植物学特性

多年生草本，高 40～80 厘米。茎直立，中空，被有向上贴伏的短柔毛。小叶 13～19，几无小叶柄。小叶片长圆状披针形或披针形，长 20～30 毫米，宽 4～10 毫米，上面无毛，下面被贴伏柔毛。

总状花序腋生，明显超出叶层。花多数，长 9～11 毫米，具 1 毫米左右的短花梗。萼钟状，长 6～8 毫米，萼齿披针状钻形，长为萼筒的 2～2.5 倍，下萼齿较短。花冠玫瑰紫色，旗瓣倒卵形，翼瓣长为旗瓣的 1/4，龙骨瓣与瓣约等长。子房密被贴伏柔毛。荚果具 1 个节荚，节荚半圆形，上部边缘具或尖或钝的刺。

二、生物学特性

红豆草性喜温凉、干燥气候，适应环境的可塑性强，耐干旱、寒冷、早霜、深秋降水、缺肥贫瘠土壤等不利因素。红豆草适应栽培在年均气温 3～8 ℃，无霜期 140

天左右，年降水量 400 毫米的地区，能在年降水量 200 毫米的半荒漠地区生长，只需在种子发芽，植株孕蕾至初花期，土壤上层有较足水分就能正常生长。种子在 1～2 ℃的温度条件下即开始发芽，生活两年以上，春季气温回升到 3～4 ℃时，即开始返青再生。它有发达的根系，主根粗壮，侧根很多，播种当年主根生长很快，生长两年分布在 50～70 厘米深土层以内，侧根重量占总根量的 80%以上，在富含石灰质的土壤、疏松的碳酸盐土壤和肥沃的田间生长极好。在酸性土、沼泽地和地下水位高的地方都不适于栽培。在干旱地区适于栽培利用。

第三节　红豆草的主要栽培技术

一、播种前准备

1. 整地

在农田种植，前作收获后及时翻耕，秋耕宜深，春耕宜浅，杂草严重时可采用除草剂处理后翻耕。翻耕后须及时耙地和压地，粉碎土块，平整土地。翻耕前每亩施有机肥 1 000～2 000 千克和过磷酸钙 100～150 千克作基肥。在酸性土壤上应增施石灰。土壤瘠薄时，播前每亩还可施尿素 5～10 千克、磷酸二铵 5～6 千克。

2. 种子处理

红豆草种子较硬，带有荚壳，播种之前需要提前用清水浸泡一夜。用 0.05% 钼酸铵溶液处理种子会提高根系有效根瘤数。播前种子可用红豆草专用根瘤菌接种，也可用捣碎的根瘤带土拌种。

二、播种

1. 播种时间

红豆草在干旱、半干旱区，在春季土壤解冻后及时抢墒播种，如土壤墒情过差时，也可在初夏雨后播种，播种后一定要镇压接墒，以利于出苗。在湿润、半湿润区，春、夏、秋三季都可播种，秋播的不应迟于 8 月中旬，否则幼苗越冬不好。

2. 播种量

红豆草的播种量为 5～6 千克/亩。用量和种植环境有关，比较贫瘠、墒情较差的地段用量可酌情减少。

3. 播种方式

播种方式一般采用条播，种子一般带荚播种，荚壳去除后反而破坏了植物本身的自我保护。播种时注意控制好行距，湿润和灌溉区行距在20～30厘米，干旱地区在30～40厘米。播种深度根据土壤质地在2～4厘米，最深不能超过5厘米，播种之后覆土2～3厘米，进行镇压，有利于出苗。一般种植7～10天可以出苗。

三、田间管理

1. 中耕除草

红豆草从出苗到封垄40～50天，为杂草盛发期，须及时中耕除草。返青前和每次刈割后，根据杂草发生情况，及时中耕除草。

2. 水肥管理

红豆草适宜的土壤含水量为田间持水量的70%。在年降水量为500毫米以上地区可以不灌水。在干旱地区视降水情况每年须灌溉3～5次。返青期、每次刈割前10天左右和入冬前各灌水一次。每次灌水量以30～40米^3/亩为宜。

高产红豆草草地须在生长初期或每次刈割后结合灌水施肥。可追施尿素5～7千克/亩、磷酸二胺7～10千克/亩，氮磷比以1∶1最佳。北方土壤中大多富钾，可满足红豆草生长需要，一般不再施用钾肥。

四、收获

青饲或青贮时在现蕾至盛花期刈割，调制干草在盛花期刈割。温暖地区年可刈割两茬，高寒地区年刈割一茬。再生草可放牧利用。初花期刈割干物质粗蛋白质含量可达18%左右。初花期可刈割3茬，但产草量不及盛花期，而且影响草地使用寿命。机械收获时留茬高度根据地面状况调至最低，人工收获可齐地面刈割。

五、病虫害防治

红豆草易感染锈病、白粉病和菌核病，要及早发现及时治疗。生长后期发现病害应提前刈割。锈病防治可采用波尔多液、石硫合剂、硫黄粉、代森锌、福美双、萎锈灵等，自发病初期起，每7～10天喷洒一次。白粉病用胶体硫、多菌灵、甲基托布津、苯来特和十三吗啉等。菌核病可采取土表撒施五氯硝基苯预防。害虫有苜蓿叶象甲、青叶跳蝉等，可喷洒敌杀死、速灭杀丁等药物。刈割前20天内禁止用药。

参考文献

1.孟祥君.红豆草种植技术[J].甘肃畜牧兽医,2015(4):11.

2.库来夏·哈孜依.红豆草栽培技术[J].中国畜牧兽医文摘,2016,32(12):227.

3.驴食草.植物智[引用日期 2019-12-19].

第二十四章 驼 绒 藜

第一节 概 述

驼绒藜

一、分布

驼绒藜[*Ceratoides latens*(J. F. Gmel.) Reveal et Holmgren]是藜科驼绒藜属多年生植物,半灌木植物,又名优若藜。

驼绒藜广泛分布于我国新疆、西藏、青海、甘肃、宁夏、陕西北部和内蒙古等省(自治区),生于戈壁、荒漠、半荒漠、干旱山坡或草原中,具有耐旱、抗寒的特性,是高产、优质的半灌木优良牧草。国外分布较广,在整个欧亚大陆的干旱地区均有分布。

二、主要价值

驼绒藜是高产、优质的半灌木优良牧草。因其主侧根均发达,既可吸收土壤表层的水分,也可吸收深层水分。当土层中平均含水量在2%时仍能正常生长。其具返青早、枯黄晚、不掉叶的特点,生长期可达180～210天。产草量高而稳定,单株产量1千克左右,优于草本植物。旱年、雨水充沛年产量变幅小,也优于草本植物。其营养价值良好,粗蛋白质、粗脂肪、无氮浸出物含量都较高,为富钙牧草。

驼绒藜当年枝及叶片为各类家畜喜食。秋季羊特别喜食其果实,是抓秋膘的优良牧草。马、驼、羊四季喜食,春季母畜啃食嫩枝叶后能增加产乳量。对牛的适口性较差。驼绒藜的亮氨酸、赖氨酸含量均较高,对羊毛、肉、乳、蛋的生产较好。驼绒藜是内蒙古草原荒漠地区良好的冬季放牧或打草半灌木饲草,可大力利用其半人工草场,推广种植,增加冬贮饲草,改善草场质量。

第二节　驼绒藜的特征特性

一、植物学特性

多年生植物，灌木。植株高0.1～1米，分枝多集中于下部，斜展或平展。叶较小，条形、条状披针形、披针形或矩圆形，长1～2(5)厘米，宽0.2～0.5(1)厘米，先端急尖或钝，基部渐狭、楔形或圆形，1脉，有时近基处有2条侧脉，极稀为羽状。

雄花序较短，长达4厘米，紧密。雌花管椭圆形，长3～4毫米，宽约2毫米。花管裂片角状，较长，其长为管长的1/3到等长。果直立，椭圆形，被毛。花果期6—9月。

二、生物学特性

驼绒藜属半灌木，是我国重点保护及特有植物，为小针茅草原的伴生种，在草原化荒漠向典型荒漠过渡地带可形成大面积的驼绒藜荒漠群落，是改良草场和改善生态环境最好的一种植物。适于生长在气候干旱，湿润系数0.13～0.30，干燥度3～5，≥10 ℃，生物学活动积温2 200～3 300 ℃，年降水量100～200毫米的地方。其不适于生长在低洼盐碱土和流动沙丘，其他土类均可生长。海拔为1 000～1 400米也可生长。

驼绒藜根颈较粗壮，主根入土60厘米左右，侧根发育较差，根系暴露土表较多，容易枯死。种子发芽力强，吸水快，在温度4 ℃左右时，土壤水分适宜，种子很快萌发，25 ℃条件下8小时即可发芽，萌发后25天，根系即长达15厘米。种子播种后当年株高可达60～70厘米，分枝仅1～3个，能开花结实。第二年水分条件好时株高可达 80～120 厘米，灌丛高大繁茂，8 月中下旬开花，10 月初种子成熟，如果水分条件不好则生长慢，不能开花结实。

第三节　驼绒藜的主要栽培技术

一、直播

1. 选地整地

适于在乌兰察布市除低湿的盐碱地及流动沙丘外的各类土壤种植，具体应选择地势平缓、避风向阳、有一定墒情的地段。种子田应地势平坦，土层深厚，土壤肥沃，无病虫害，有灌溉条件的地块做种子田，不同品种的种子田间隔应在 800 米以上。育苗田应选择地块平整、土壤肥沃的田地。育苗可采用容器育苗、温室育苗、覆膜育苗、组织培养、无土栽培等形式。乌兰察布市适合在前山地区进行育苗，播种前深耕土地并施足基肥，基肥以农家肥为主，每亩 2 000 千克左右，然后再精细耙耱，有条件的地块灌足底水 5～7 天后方可种植。

2. 种子处理

播前应将种子放在阳光下摊开晒种 1～2 天，每天翻动 3～4 次，打破休眠促进后熟，若为毛种子应轻碾压风选去杂去毛。播种前 2～3 小时最好给种子喷水湿润，按 1∶1 比例拌细沙土，以便均匀播种。

3. 播种

有灌溉条件或春季墒情好时宜春播，干旱、风沙大的地区可在雨季来临之前或雨后避风抢墒播种，最迟不得超过 7 月中旬。草田条播行距一般 40～50 厘米，播量 7.5 千克/公顷；种子田条播行距一般 90～100 厘米，播量 5 千克/公顷。播后覆土 1 厘米即可，稍微镇压。撒播或飞播播量 7～9 千克/公顷。

4. 田间管理

牧草出苗前，如有灌溉条件的应连续喷水，保持土壤潮湿便于出苗。当苗长到 5 厘米时可进行第一次浅灌，第二次应在分蘖期进行。苗高 15 厘米进行中耕除草，第二次中耕除草与第二次灌溉结合进行。种子田进行定苗，保苗 2 万～3 万株/公顷。种肥施尿素 10～15 千克/公顷、磷酸二铵 120～150 千克/公顷，苗期施尿素 30～37.5 千克/公顷、磷酸二铵 200～225 千克/公顷。

二、育苗移栽

1. 播种

播种一般在 5 月上旬至 7 月中旬。纯净种子播种量 15～30 千克/公顷，行距 25～30 厘米。苗高 1 厘米时按 2 万～3 万株/公顷定苗。

2. 移苗

春季牧草萌发前或秋季枯草后均可移栽，秋季移栽效果好于春季，移植方法分为截干法、不截干法和浸根蘸根法。截干法适合土壤墒情差且没有灌溉条件的地块，将地上枝剪掉，留茬 15～20 厘米。不截干法植苗适合土壤墒情较好且有灌溉条件的地块，一般土壤含水量 10%即能保证移植成功。浸根蘸根法是按 1 克生根粉溶于 75%乙醇溶液 100 毫升，用 10 千克水稀释，浸根 30 分钟，或按 50 克保水剂溶于 1 000 毫升水中，拌成糊状蘸根移栽。特别注意在起苗之前一定要保持土壤湿润，便于挖苗。挖苗时千万不要伤到根系，否则会影响成活率。不用带土，整理好，准备定植。

3. 定植

在已破坏或退化的草原上，用机械以 100～150 厘米窄行、300～400 厘米宽行开沟，沟深 30～50 厘米。在丘陵坡地以水平沟呈鱼鳞状方式整地，行距为 100～120 厘米，株距为 50 厘米。每坑深度、直径要视苗根长、便于操作来确定，但坑底要挖松 5 厘米厚的土层，坑口直径不小于 20 厘米。乌兰察布市一般在春季 3 月下旬至 4 月上旬，当小苗的枝条柔软有韧性且没有发芽时进行移植。在移植的前一天开沟并灌足一次底水，待土壤完全浸润不粘移植工具时即可移植。

在移植时按照根茎粗壮的程度大苗 1 棵、小苗 2～3 棵苗为 1 丛的标准种植，开沟定植要采取株距 50 厘米人工放苗，放好后覆土镇压，覆土厚度以刚好埋住苗的根部为标准。把土压实，防止风干，保持水分。定植根要放展、苗要放直，移植后及时浇水，等到大面积移植完以后再视土壤墒情适时浇灌 1 次水。这样，在雨季来临之前土壤基本能保持湿润。

4. 假植

起出的苗要严防太阳照射，若不立即定植，可假植在较小地块，适机定植。需要假植的苗木要剔除一小部分枝叶，目的是减少蒸腾，利于成活。剔除枝叶的多少要根据植株的根部损伤程度来确定，破损得越厉害剔除的枝叶就相应越多，破损得越轻剔除的枝叶就相应越少。

参考文献

1. 驼绒藜属. 植物智[引用日期 2019-12-19].

2. 驼绒藜. 植物智[引用日期 2019-12-19].

3. 赵书元，刘忠，阿拉塔. 驼绒藜及其草场的培育[J]. 畜牧与饲料科学，2012(12)：87-88.

4. 赛希雅拉，阿拉塔，孙海莲. 华北驼绒藜育苗及防护林建植技术[J]. 畜牧与饲料科学，2012(11)：95-96.

5. 戴桂香，叶录. 野生乡土华北驼绒藜的采收栽培技术研究[J]. 现代牧业，2021(5)：61-62.

第二十五章　碱　蓬

第一节　概　述

碱蓬

一、分布

碱蓬[*Suaeda glauca*(Bunge)Bunge]是藜科碱蓬属1年生草本植物，又名盐蒿，生长于海滨、荒地、渠岸、田边等含盐碱的土壤上。分布于蒙古国、俄罗斯(西伯利亚及远东)、朝鲜、日本和中国，在我国分布于黑龙江、内蒙古、河北、山东、江苏、浙江、河南、山西、陕西、宁夏、甘肃、青海和新疆南部。

二、主要价值与利用

1. 饲用价值

碱蓬植株及种子提取油脂后的渣子是很好的饲料蛋白源，经微生物发酵后有更高的利用效率，例如，碱蓬籽油渣作原料，发酵生产假丝酵母等蛋白饲料。同时，碱蓬亦可直接作为动物饲料。将碱蓬植株作为牲畜混合饲料的一部分，取代传统的干草饲料，不仅能够降低饲养成本，而且可以提高畜牧产品的绿化程度，牲畜的肉质及增重幅度也未受影响。

2. 食用价值

碱蓬嫩苗味道鲜美，营养丰富，富含脂肪、蛋白质、粗纤维、矿物质、微量元素和多种维生素。碱蓬籽中粗脂肪含量13.9%，毛油萃取率达93%。毛油经脱胶、脱色、脱酸等步骤后获得的精炼油的酸价达一级芝麻油标准，过氧化值达国家色拉油标准，是一种高级食用油。碱蓬色素为水溶性花青素类色素，可作为天然食用色素。

3. 经济价值

碱蓬种子含油量为24.39%。碱蓬籽油的脂肪酸中不饱和脂肪酸占总脂肪酸的90%以上，亚油酸含量超过70%，亚麻酸可达6%，其中亚油酸含量高，可用来制备具有高经济价值的共轭亚油酸。

4. 药用价值

碱蓬种子油精制后的共轭亚油酸是一种高级保健品，具有防止血栓形成、抗肿瘤、抗动脉粥样硬化、抗氧化、降低体内脂肪、增加肌肉等作用，属于人们常说的"脑黄金"范畴，对人体一些器官机能有良好的调节作用，可抑制癌细胞生长，在临床上可以作为抗血栓、动脉硬化和降血脂药物。

5. 生态价值

碱蓬是改造盐碱地的"先锋植物"，以其独特的盐生结构扎根于潮滩，潮滩上有了其他植物，而且有机质越来越多，加速了潮滩的土壤化过程。种植碱蓬能够有效地降低土壤表层含盐量，增加土壤有机质含量，提高土壤中氮、磷、钾的含量。碱蓬对重金属也有一定的吸收作用，还可以用来处理含盐养殖废水。

利用碱蓬对盐渍土、重金属污染土壤进行生态修复，能够改善土壤理化性状，降低土壤盐度，增加土壤有机质和总氮含量，增加土壤微生物数量，并且对土壤微生物群落的组成能够产生一定的影响，使其优势菌群的一些性状比如耐盐性发生变化。

第二节　碱蓬的特征特性

一、植物学特性

一年生草本，高可达 1 米。茎直立，粗壮，圆柱状，浅绿色，有条棱，上部多分枝。枝细长，上升或斜伸。叶丝状条形，半圆柱状，通常长 1.5～5 厘米，宽约 1.5 毫米，灰绿色，光滑无毛，稍向上弯曲，先端微尖，基部稍收缩。

花两性兼有雌性，单生或 2～5 朵团集，大多着生于叶的近基部处。两性花，花被杯状，长 1～1.5 毫米，黄绿色。雌花花被近球形，直径约 0.7 毫米，较肥厚，灰绿色。花被裂片卵状三角形，先端钝，果时增厚，花被略呈五角星状，干后变黑色。雄蕊 5，花药宽卵形至矩圆形，长约 0.9 毫米。柱头 2，黑褐色，稍外弯。胞果包在花被内，果皮膜质。种子横生或斜生，双凸镜形，黑色，直径约 2 毫米，周边钝或锐，表面具清晰的颗粒状点纹，稍有光泽。胚乳很少。花果期 7—9 月。

二、生物学特性

生长于海滨、荒地、渠岸、田边等含盐碱的土壤上。抗逆性强，耐盐、耐湿、耐瘠薄，在氯化钠含量 0.031%～4.356%的土壤上能正常开花结实。喜高湿、耐盐碱、耐贫瘠、少病虫害，是一种天然的无公害绿色食品，在河谷、渠边潮湿地段和土壤极其瘠薄的盐滩光板地均能正常生长发育。碱蓬温度适应范围广，在自然条件下 3 月上中旬即可出苗，栽培技术简单，可春季和秋冬季设施栽培。播种至鲜菜采摘时间短，春夏季 25～40 天，秋冬季 45～60 天，可作为空茬补缺蔬菜栽培。

第三节 碱蓬的主要栽培技术

一、播种前准备

1. 选地

碱蓬对土壤盐分的适应范围很宽，同时又耐湿，耐瘠。所以，在灌排方便的滩涂盐土上都可种植。

2. 整地

以平畦种植为宜，畦宽 3.6 米，每畦播 6 行。也可采用垄作，垄高 30 厘米、上宽 20 厘米、下宽 40 厘米，垄间距 30 厘米，更有利于灌排水和采收，注意将土耙细整平。

3. 施基肥

结合整地，施足基肥，一般每亩施用腐熟人畜粪 2 000～3 000 千克。

二、播种

中国江苏沿海地区适宜播种期在 3 月下旬至 4 月初，北方地区可将播期延至 5 月底。一般当气温稳定在 15 ℃以上时，即可露地播种。考虑到延长碱蓬供应市场的周期，可按 10 天一期进行分期播种。播种量 0.5～1 千克/亩，条播，行距 60 厘米，播种深度不宜超过 1 厘米。播前 3～5 天扣大棚增加地温，播前 1～2 天用喷壶均匀喷水一次以提高土壤湿度。

三、田间管理

碱蓬播种后7～10天出苗，随着温度的升高和雨水增多，碱蓬生长迅速，结合中耕松土，每亩追施尿素7.5千克、过磷酸钙25千克，然后每采摘1次鲜菜追施尿素5千克/亩，以提高碱蓬鲜菜产量。碱蓬苗期田间杂草较多，要采用人工除草，忌用除草剂。碱蓬生长期病虫害较少，只是在7月下旬至8月植株上结有蜘蛛网，只要用扫帚在植株顶部轻轻掠过，即可清除。正常年份种植碱蓬不需要灌溉。如遇干旱，则应采取喷灌或浇灌的方法及时抗旱，灌溉水质要严格控制在国标2级以上。

四、收获

采收：碱蓬5月下旬即可采摘上市，可延续到8月中下旬，能采摘5～6次。采摘应在早晨露水干后进行，采摘嫩芽长度一般不超过10厘米，以确保其鲜嫩可口。

留种：碱蓬8月中下旬大量开花，9—10月结籽，10月下旬至11月上旬收割、晾晒。碱蓬种子由下往上依次成熟，成熟后的种子易脱落，要做到适时收获。

参考文献

1. 碱蓬．植物智.[引用日期2019-12-19].

2. 任伟重，姜华，郑音，等．碱蓬资源的开发价值[J]. 辽宁农业科学，2011，(5)：51-53.

3. 洪立洲，周春霖，王茂文，等．碱蓬人工栽培技术[J]. 中国蔬菜，2003，(3)：52.

第二十六章　盐　爪　爪

第一节　概　　述

盐爪爪

一、分布

盐爪爪[*Kalidium foliatum*(Pall.)Moq.],别名着叶盐爪爪、灰碱柴,是藜科盐爪爪属小灌木,高可达50厘米,多生于盐碱地、荒漠地区、盐湖边和盐土沙地。

国外分布于蒙古国、西伯利亚、哈萨克斯坦、中亚地区等,在我国广泛分布于黑龙江、吉林、辽宁、内蒙古、陕西、河北等省(自治区)。其主要生于盐湖边的潮湿盐土及洪积扇扇缘地带、盐土沙地、砾石荒漠的低湿处和胡杨林下,常常形成盐生草甸。

二、主要价值及利用

1. 生态价值

盐爪爪具有肉质化同化枝及叶,细胞液泡含水量高,对盐碱具有极强的忍耐力,Na^{+}积累能力强,常常用于在盐碱地种植,降低土壤钠盐含量、改良土壤性质、增加土壤有机质。

2. 饲用价值

盐爪爪为肉质多汁含盐饲草,其株丛大,生长旺盛,秋季产草量最高,与其他沙生植物相比其地上生物量较高。冬季其地上部残存量保持较好,马、羊喜食,是骆驼的主要饲草。种子可磨成粉,人可食用,也可用于饲喂牲畜,这对干旱荒漠地区畜群冬季放牧与补饲有重要意义。

第二节　盐爪爪的特征特性

一、植物学特性

小灌木,高20～50厘米。茎直立或平卧,多分枝。枝灰褐色,小枝上部近于草

质，黄绿色。叶片圆柱状，伸展或稍弯，灰绿色，长4～10 毫米，宽 2～3 毫米，顶端钝，基部下延，半抱茎。

花序穗状，无柄，长 8～15 毫米，直径 3～4 毫米，每 3 朵花生于 1 鳞状苞片内。花被合生，上部扁平成盾状，盾片宽五角形，周围有狭窄的翅状边缘。雄蕊 2。种子直立，近圆形，直径约 1 毫米，密生乳头状小突起。花果期 7—8 月。

二、生物学特性

盐爪爪属于直根性，侧根倾斜或水平方向扩展，侧根上又生出不定根。季相变化明显，一般成丛生长，盖度较大，植株基部常形成小沙堆，积沙不可超过 20～50 厘米，否则会造成死亡。其叶片退化，蒸腾能力低于一般沙生植物，蒸腾强度为 112 毫克/(厘米^2·小时)；地上部生长缓慢，2 个月的生长期内仅生长 3.3～3.4 厘米。再生能力弱，刈割后，3 个月仅能长 4 厘米。

盐爪爪性极耐盐碱，但不能忍受长期的淹没或过度的湿润，多生于膨松盐土和盐渍化的低沙地或盐渍化的丘间低地，往往地表形成盐结皮。为了生存，盐爪爪选择从结构和功能上适应盐生环境，在盐分较重的土壤条件下，被细枝盐爪爪(*K. gracile*)、尖叶盐爪爪(*K. cusPidatum*)所代替，则形成盐爪爪荒漠群落，盐爪爪在湖边盆地边缘常稀疏或成片生长。盐爪爪适宜生长环境的 pH 较甘草、碱蓬、苦豆子低。地上部可溶性蛋白质含量低于地下部，冠层丙二醛、全磷含量高于根系。

第三节　盐爪爪的主要栽培技术

一、种苗繁育及组织培养技术

(一)组培

培养材料：无菌苗幼嫩茎段。

培养条件：①愈伤组织诱导培养基。MS+6-BA 2.0 毫克/升+2,4-D 3.0 毫克/升。②不定芽诱导培养基。MS+6-BA 2.0 毫克/升+NAA 0.5 毫克/升。③继代增殖培养基。MS+6-BA 1.0 毫克/升+NAA 0.5+GA 0.5 毫克/升。

④生根培养基。1/2 MS+IBA 0.2 毫克/升。

上述培养基均添加 3%蔗糖和 0.7%琼脂，pH 5.8～6.0。培养温度为 23～26 ℃。光照时间为 16 小时/天，光照强度约 34 摩尔/(米^2 · 秒)。

1. 无菌材料的获得

将盐爪爪的种子在超净工作台上先用 10%次氯酸钠消毒 30 分钟，无菌水冲洗 5 遍。然后将处理好的盐爪爪种子喷涂在底部有约 1 厘米厚 MS 琼脂培养基的三角瓶中。10 天后，将长出的幼嫩茎段切下，接种于愈伤组织诱导培养基①中培养。

2. 不定芽的分化及增殖外植体

在愈伤组织诱导培养基上暗处理 3 天后，转移至光照培养箱中培养，20 天后切口处膨大并出现黄白色愈伤组织，将愈伤组织转移至不定芽诱导培养基②上培养 7 天左右，其上出现若干芽点，继续培养 20 天后从芽点分化出不定芽丛，将不定芽切下接种于继代增殖培养基③上增殖培养，35 天后芽高达 2 厘米左右。

3. 生根

将健壮的幼苗移入生根培养基④中，培养 10 天后开始生根，25 天后生根率可达 90%以上。每株有主根 1～2 条，多侧根，根长 3～4 厘米。

4. 打开装有再生苗的培养瓶塞，置于温室炼苗

1 周后小心取出试管苗，洗净根上培养基，移入沙土和蛭石(3∶1)的混合基质中，以 1/2 MS 营养液浇灌，温室温度为 23～26 ℃，空气相对湿度为 60%～70%，成活率在 95%以上。

(二)播种

1. 播种时间

在中国柴达木地区，最佳播种时间是每年 4 月初至 5 月初。盐爪爪苗期抗冻但不耐旱，此时播种，土壤墒情较好，有利于出苗，等到气温升高时，苗木已长大，增强了抗性，同时也延长了苗木生长期，因此大大提高了合格苗产量。

2. 播种方法

播种方法对合格苗产量有显著影响，采用宽条播，合格苗产量是条播和撒播的 136.3%和 168.4%。盐爪爪是一种小乔木树种，造林所用苗木分枝不宜太多，而撒播使部分苗木不能达到合格苗的要求。

3. 播种量

播种量在一定程度上决定了苗木的密度，影响苗木对营养空间的利用率，从而造成苗木生长量和合格苗产量的显著差异。正交试验发现，当播种量为109.5千克/公顷时，合格苗产量最高。

二、田间管理

施肥量和覆土厚度：施肥量对盐爪爪生长量有显著影响，施肥量为525千克/公顷时，盐爪爪合格苗产量最高，肥力极低的干旱带沙地，增施一定的氮肥、磷肥是提高苗木质量的关键措施之一。覆土厚度对盐爪爪出苗率有显著影响，从而间接影响合格苗产量，覆土厚度为0.5厘米时，盐爪爪合格苗产量最高。

参考文献

1. 盐爪爪. 植物智[引用日期2019-12-19].

2. 刘琳，张富春，曾幼玲．盐爪爪的组织培养与快速繁殖[J]. 植物生理学通讯，2009.

3. 魏发元. 盐爪爪种子繁育技术研究[J]. 青海农林科技，2011(2)：6-8，16.

4. 王晓娟，杨鼎，孙海莲. 盐生植物盐爪爪的资源特点及研究进展[J]. 畜牧与饲料科学，2015(5)：64-67.

第二十七章　中 亚 滨 藜

第一节　概　　述

中亚滨藜

一、分布

中亚滨藜(原变种)是藜科滨藜属,一年生草本植物,耐盐性强。

中亚滨藜对光照要求不严格,耐瘠薄、抗盐碱,生于戈壁、荒地、海滨及盐土荒漠,有时也侵入田间。在国内分布于吉林、辽宁、内蒙古、河北、山西北部、陕西北部、宁夏、甘肃、青海、新疆和西藏。国外分布于蒙古国、哈萨克斯坦、吉尔吉斯斯坦、塔吉克斯坦、乌兹别克斯坦等。

二、主要价值与利用

1. 饲用价值

中亚滨藜适口性较差,属低等饲用植物,为猪、禽、牛、羊所食,青饲放牧期长达130余天。从分枝期到开花前是放牧的良好时节,也是采集饲养猪、禽的最佳时期。这个阶段茎叶幼嫩,纤维素少,猪和多数家禽最喜食,经过放牧采食和刈割后的再生茎叶,也具有幼嫩适口的优质性,为再牧和再刈割提供了可能性。其半肉质化的叶片,全生育期都可饲用,同时茎、叶占比大,所以是一种比较好的野生饲草。在植被覆盖度很低的生境下,比如干旱、盐碱沙荒地,中亚滨藜可繁茂生长,所以又是低劣环境下的饲用植物。

2. 药用价值

中亚滨藜果实入药,药名“软蒺藜”,具有祛风、明目、疏汗、解郁等功效,可治目赤多泪、头晕目眩、湿疹等。

第二节　中亚滨藜的特征特性

一、植物学特性

茎通常自基部分枝。枝钝四棱形，黄绿色，无色条，有粉或下部近无粉。叶有短柄，枝上部的叶近无柄。叶片卵状三角形至菱状卵形，长 2～3 厘米，宽 1～2.5 厘米，边缘具疏锯齿，近基部的 1 对锯齿较大，呈裂片状，或仅有 1 对浅裂片而其余部分全缘，先端微钝，基部圆形至宽楔形，上面灰绿色，无粉或稍有粉，下面灰白色，有密粉。叶柄长 2～6 毫米。花集成腋生团伞花序。雄花花被 5 深裂，裂片宽卵形，雄蕊 5，花丝扁平，基部连合，花药宽卵形至短矩圆形，长约 0.4 毫米。雌花的苞片近半圆形至平面钟形，边缘近基部以下合生，果实长 6～8 毫米，宽 7～10 毫米，近基部的中心部臌胀并木质化，表面具多数疣状或肉棘状附属物，缘部草质或硬化，边缘具不等大的三角形牙齿。苞柄长 1～3 毫米。胞果扁平，宽卵形或圆形，果皮膜质，白色，与种子贴伏。种子直立，红褐色或黄褐色，直径 2～3 毫米。花期 7—8 月，果期 8—9 月。

二、生物学特性

中亚滨藜对光照要求不严格，荫蔽条件下，仍能正常发育，生育期 183 天，青饲期 140 天左右。最低发芽温度 7 ℃，最适发芽温度 18～25 ℃，出苗后在 1～2 ℃的低温下可使幼苗受冻害。中亚滨藜的分生期具有一定的再生性能，经放牧采食，腋芽可再分枝，在高温高湿、水热条件适宜、营养体生长的夏季，再生株高可达 20～30 厘米，能形成较大的再生生物量。而 8 月上旬以后，再生力显著下降，由于生长期过短，再生草已无利用价值。

中亚滨藜耐瘠薄，抗盐碱，在盐碱地中能健壮生长，脱盐较好的农田反而限制了它的发生。中亚滨藜是我国沿海、北方草原盐碱土上的盐生植物，生长在 pH 8.5～9.5 的土壤上。茎叶表面密生盐腺，是一种能将体内过多盐分排出体外的泌盐类植物。具有一定抗干旱能力，在湿润碱土和盐碱土上不见分布，而在含水很少的沙地与沙丘上却广泛生长。温带、暖温带沙碱地区，易春旱，一旦春旱往往种子萌发受抑制，虽生育期有所缩短，而营养生长受限不大，产草量下降不显著，但生殖生长受限明显，由于出苗期的推迟，开花结实率递减。

第三节　中亚滨藜主要栽培技术

一、播种前准备

1. 选地与整地

应选择含盐量在 18 克/千克以下，地势平坦、排灌方便的地块。秋季深翻晒垡积蓄降水，冻融交替，促进盐分淋溶及熟化土壤。春季整平土地，灌水洗盐造墒。结合整地每亩施腐熟有机肥 2 000～4 000 千克，培肥土壤，抑制返盐，促地温回升。

2. 种子处理

成熟度差的种子出苗率低，应选择苞叶上带刺的成熟度好的种子，播种前选晴天晾晒 2～3 天。在播种前必须采取人工或机械措施去除种翅，破坏种皮，增强吸水、透气能力，以利于种子吸胀和发芽。

种子含有皂角苷，抑制种子萌发，可水选除去空粒、不饱满种子，再用高锰酸钾 1 000～5 000 倍液浸泡 2 小时，然后用清水冲洗，置沙床催芽，温度保持在 18～22 ℃，湿度保持在 60%左右。或用 40 ℃的温水浸泡 1～24 小时，去除种子中的皂角苷，以提高种子的发芽力。

3. 浇水造墒

中亚滨藜苞叶较厚，种子萌发需要吸收大量的水分，土壤墒情不足时种子吸水也不足，出苗困难，缺苗断垄，播种前应浇保墒水。

二、播种

播种时间为 4 月下旬至 5 月上旬。播种方式为机播或条播，播种深度 1～3 厘米，播种过浅种子易落干，过深不利种子萌发出苗。有条件的可在播种后覆膜或覆草，能增温、保湿、抑盐，明显提高田间出苗率。在有条件保持土壤湿润时，也可采用撒播方式。

三、田间管理

1. 水肥管理

中亚滨藜耐旱怕涝，易受涝害，降雨后要及时排除田间积水。但种子萌发需要吸收较多水分，播种后，保持土壤墒情适宜，促苗齐苗全。切忌土壤见干见湿，以免影响种子萌发出苗及导致土壤返盐。中亚滨藜较耐瘠薄，生长期间几乎不需要追肥。

2. 查苗补苗

中亚滨藜种子的耐盐能力较幼苗差，土壤含盐量超过 12 克/千克地段缺苗断垄较严重，出苗后要及时查苗，发现缺苗断垄应带土移栽补苗，同时拔除疙瘩苗。出苗后降雨或土壤板结，要及时划锄，破除板结，通气、保湿，抑制返盐。对于含盐量高导致缺苗较重的地段，不要急于毁种，待灌溉或遇降雨土壤含盐量降低后，未萌发的种子仍可发芽出苗。

3. 合理密植

根据土壤含盐量及肥力状况确定适宜的种植密度。土壤含盐量较高时，适当加大密度，低时减小密度。土壤含盐量 3～10 克/千克以下时，行距 80～60 厘米。土壤含盐量 10 克/千克以上时，行距 40 厘米。

四、病虫草害防治

为害中亚滨藜的害虫主要是跳甲，苗期至中后期都可为害，可用氯氰乙酯 1 500 倍液喷洒叶片防治。苗期及分枝期封垄前中耕 2 次，封垄后拔除田间杂草。

中亚滨藜不耐连作，连作会导致缺苗断垄、植株矮小长势弱、病虫害较严重，应与盐地碱蓬等植物轮换种植。

参考文献

1. 中亚滨藜. 植物智[引用日期 2019-12-19].

2. 邢虎田，栗素芬. 中亚滨藜和野滨藜及其防除[J]. 新疆农垦科技，1986(1)：29-30.

3. 柳小平. 滨藜属植物种质资源及其繁育[J]. 甘肃农业科技，2008(8)：27-30.

第二十八章 冷　蒿

第一节 概　述

冷蒿

一、分布

冷蒿（*Artemisia frigida* Willd.）是菊科蒿属植物，有时略呈半灌木状，别名白蒿、小白蒿、兔毛蒿、寒地蒿、刚蒿。

全国各地都有分布，蒙古国、土耳其、伊朗、俄罗斯（西伯利亚及欧洲部分地区）、哈萨克斯坦、乌兹别克斯坦、吉尔吉斯斯坦、塔吉克斯坦、土库曼斯坦及北美洲的加拿大北部、美国西部、中部及西南部都有分布。在我国，分布于中国黑龙江、吉林、辽宁、内蒙古、河北、山西等省（自治区）。

冷蒿适应性强，在中国的东北、华北省区生长在海拔 1 000～2 500 米，西北省区生长在海拔 1 000～3 800 米，西藏生长在海拔 4 000 米附近。在中国森林草原、草原、荒漠草原及干旱与半干旱地区的山坡、路旁、砾质旷地、固定沙丘、戈壁、高山草甸等地区都有生长，常构成山地干旱与半干旱地区植物群落的建群种或主要伴生种。

二、主要变种

紫花冷蒿（*Artemisia frigida* var. *atropurpurea* Pamp.）与冷蒿区别在于紫花冷蒿植株矮，高 10～18 厘米。头状花序半圆形，直径 3.5～4.5 毫米，在茎上多组成穗状花序，稀少为穗状花序式的狭圆锥花序，花冠檐部紫色。分布于中国宁夏、甘肃、青海及新疆。生于海拔 2 000～2 600 米的山坡。

三、主要价值与利用

1. 药用价值

冷蒿全草入药，有止痛、消炎、镇咳作用，还可作“茵陈”的代用品。

2. 饲用价值

在牧区为牲畜营养价值良好的饲料。开花期鲜草干物质中含粗蛋白质12.2%、粗脂肪6.8%、粗纤维42.2%、无氮浸出物31.6%、粗灰分7%，其中含钙1.38%，磷0.67%。营养价值高，适口性好，在霜冻后或冬季其营养枝仍保存良好，且柔软多汁，对家畜，尤其是产羔母畜冬季放牧利用更有价值。马、牛、骆驼终年喜食，并具有采食后驱虫之效，因此，是优良的放牧场牧草。

第二节 冷蒿的特征特性

一、植物学特性

多年生草本，有时略成半灌木状。主根细长或粗，木质化，侧根多。根状茎粗短或略细，有多条营养枝，并密生营养叶。茎直立，数枚或多数常与营养枝共组成疏松或稍密集的小丛，稀单生，高30～60(70)厘米，稀10～20厘米，基部多少木质化，上部分枝，枝短，斜向上，或不分枝。茎、枝、叶及总苞片背面密被淡灰黄色或灰白色、稍带绢质的短绒毛，后茎上毛稍脱落。茎下部叶与营养枝叶长圆形或倒卵状长圆形，长、宽0.8～1.5厘米，2～3回羽状全裂，每侧有裂片(2)3～4枚，小裂片线状披针形或披针形，叶柄长0.5～2厘米。中部叶长圆形或倒卵状长圆形，长、宽0.5～0.7厘米，1～2回羽状全裂，每侧裂片3～4枚，中部与上半部侧裂片常再3～5全裂，下半部侧裂片不再分裂或有1～2枚小裂片，小裂片长椭圆状披针形、披针形或线状披针形，长2～3毫米，宽0.5～1.5毫米，先端锐尖，基部裂片半抱茎，并成假托叶状，无柄。上部叶与苞片叶羽状全裂或3～5全裂，裂片长椭圆状披针形或线状披针形。

头状花序半球形、球形或卵球形，直径 2～4 毫米，在茎上排成总状花序或为狭窄的总状花序式的圆锥花序。总苞片 3～4 层，外层、中层总苞片卵形或长卵形，背面密被短绒毛，有绿色中肋，边缘膜质，内层总苞片长卵形或椭圆形，背面近无毛，半膜质或膜质。花序托有白色托毛。雌花 8～13 朵，花冠狭管状，檐部具 2～3 裂齿，花柱伸出花冠外，上部 2 叉，叉枝长，叉端尖。两性花 20～30 朵，花冠管状，花药线形，先端附属物尖，长三角形，基部圆钝，花柱与花冠近等长，先端 2 叉，叉端截形。瘦果长圆形或椭圆状倒卵形，上端圆，有时有不对称的膜质冠状边缘。花果期 7—10 月。

二、生物学特性

冷蒿是一种多年生轴根小半灌木，耐干旱和严寒，适生于≥10 ℃的积温 2 000～3 000 ℃，年降水量 150～400 毫米的气候条件范围内。根系发达，在草场正常利用的条件下，主根可伸入 100 厘米的土层中，侧根和不定根多，大量集中在 30 厘米以内的土层中。根系入土深度超过株高的 4～5 倍，根幅大于冠幅的 2～3 倍。利用过度，生境干旱程度加剧，植物地下部分则大于植株高度的 10～20 倍，主根作用减弱，不定根大量出现，甚至发展到以不定根代替主根的作用。枝条在适宜条件下能长出不定根，当枝条长出不定根，植株受践踏后，枝条脱离母株，也能发育成新个体。在内蒙古高原上，它可向着由风力而形成的薄层沙地延伸。在高平原、山地、丘陵、沙地或撂荒地的沙质和砾质土壤上，均能繁盛地发育生长，但不能进入低湿的盐渍化生境。一般在草原和山地草原常与多种禾本科植物，如针茅、赖草等组成群落，并在群落中占优势地位。

第三节　冷蒿的主要栽培技术

一、播前准备

1. 选地

选择地势向阳、排水良好、疏松肥沃的沙质壤土或黏质壤土栽培，生长更为茂盛。

2. 整地

秋季将生荒地按常规深翻，有条件的地区可结合翻地施入基肥，每亩施入 1 500～2 000 千克沤肥或厩肥，翻后打碎土块、清除树枝、石块、草根，耙平做畦。

畦高约25厘米，宽1.2米，畦东西向，种植南北向，以利于接受光照。

二、播种

种子发芽温度为8～25 ℃，当早春气温在10～25 ℃时即可播种，播期宜在雨季前或化雪后。播种时将混有少许细沙的种子均匀撒播或开沟条播，每亩用种量为150～200克，不覆土或覆土不超过0.5厘米，播后喷透水保湿，3～6天发芽。

三、水肥管理

在苗高4～5厘米时进行间苗，保持株距5厘米，使其均匀生长。播后1个月进行首次松土除草，使其表面干松，地下稍湿润，促使根向下扎，并注意不要浇水、施肥，使地上部生长缓慢。

当长到60～80天时，茎生叶内始长出侧枝时，其根系已发达，需肥量大，可结合松土除草进行追肥2～3次，以人粪尿为主，每亩1 000～1 500千克，也可施速效氨肥以促进茎叶生长，提高产量和品质。施肥时不要将肥沾在植株茎叶上，以免灼伤。

忌水浸，因此，连绵雨季时要注意及时排水，防止烂根。

四、收获

不同生育时期叶片中青蒿素含量差异显著。采收期对产量及青蒿素含量的影响明显，采收期的确定应以获取最大的青蒿素产量为目的。不同产地其适宜采收期有差异，采集的时间以晴天中午12—16时为宜，在这期间采收的植株青蒿素含量最高。

不同的干燥方法对青蒿素的产量也有一定的影响，自然晒干的效果最好。

五、病虫害防治

冷蒿的病虫害较少，偶有根腐病、菌核病、蚜虫为害。

1. 根腐病

多发生于排水不良地段，可预先挖好排水沟，预防积水。发现病株及时拔出烧毁。也可用生石灰或5%福尔马林消毒地面。

2. 菌核病

菌核病的预防，一是平时要注意排水，发现病株及时拔除；二是可用1∶1∶20波尔多液或50%多菌灵500～600倍液灌根。

3. 蚜虫

蚜虫多以成、若虫吸食茎叶汁液为主，但严重时亦可造成茎叶发黄枯死。可用50%敌敌畏乳油加水1 000～1 500倍常量喷雾或50%乐果乳油加水1 500倍常量喷雾。

参考文献

1. 冷蒿. 植物智[引用日期 2019-12-19].
2. 紫花冷蒿. 中国植物物种信息数据库[引用日期 2020-08-19].
3. 苏加楷，张文淑，李敏. 优良牧草及栽培技术[M]. 北京：金盾出版社，2009.

第二十九章 沙 柳

第一节 概 述

沙柳

一、分布

沙柳，又名乌柳，为杨柳科柳属灌木或小乔木，沙漠植物，也是极少数可以生长在盐碱地的一种植物。生长于河谷溪边湿地，是北方防风沙的主力，也是“三北防护林”的首选树种之一。分布于内蒙古、河北、山西、陕西、甘肃、青海、四川等地。

二、主要价值及利用

1. 生态价值

沙柳生长迅速，枝叶茂密，根系繁大，固沙保土力强，利用价值高，是中国沙荒地区造林面积最大的树种之一。沙柳能把沙丘牢牢固定住，而且成片的沙柳可起到涵养沙地的水分、削平沙包、绿化固沙的作用。

2. 饲用价值

牛、羊均喜食，属于中等饲草料。新鲜沙柳，可放牧利用。也可将新鲜沙柳植物粉碎青贮，还可做成牲畜的“营养罐装食品”。

3. 燃料价值

它所含的热量和煤差不多，可发展成 3～6 年砍一次的绿色沙煤田，用它来进行生物质发电是新的工业时尚，该项目技术装备简单，运行成本低，项目效益多元，2 吨沙柳至少相当于 1 吨以上标准煤的燃烧热值。

除此之外，沙柳条可做纸板、刨花板、中密度板的原材料。

第二节　沙柳的特征特性

一、植物学特性

沙柳小枝幼时具绒毛，以后渐变光滑。叶条形或条状倒披针形，长1.5～5厘米，宽3～7毫米，边缘外卷，上半部有疏生具腺细齿，下半部近全缘，上面初有绢状毛，后几无毛，下面灰色，有丝毛。叶柄长1～3毫米，有长柔毛。

花序轴密生长柔毛。苞片倒卵状矩圆形，基部有疏柔毛，腹面有1腺体。雄花序长1.5～2.3厘米。花丝合生。雌花序长1.5～2厘米。子房密生短丝毛。蒴果长3毫米，无梗，裂开为2瓣，种子具长白毛，花期3月，果期5月。树皮幼嫩时多为紫红色，有时绿色，老时多为灰白色。

茎表层角质层较发达。叶互生，叶的结构具有旱生植物的特征，为等面叶，叶肉组织只有栅栏薄壁组织细胞，而无海绵薄壁组织细胞。栅栏薄壁组织细胞排列紧密，维管束极为发达。在叶缘及中肋外被又一层角质层，叶边缘皮下还有两层下皮层，气孔微凹。柔荑花序无柄。果为蒴果，长圆形。

二、生物学特性

沙柳抗逆性强，较耐旱，喜水湿。抗风沙，耐一定盐碱，耐严寒和酷热。喜适度沙压，越压越旺，但不耐风蚀。萌蘖力强，繁殖容易。

沙柳具有干旱旱不死、牛羊啃不死、刀斧砍不死、沙土埋不死、水涝淹不死的“五不死”特性。春季来临时，风沙肆虐，沙丘平移，不管沙柳被埋得多深，只要露一个头在外面，它就能够茁壮成长。沙柳不但不怕干旱，而且雨水充足也能够一样生长。它不怕啃，即使牛、羊把四周的皮都啃光了，只要在里边有一枝未被啃食，过不了多长时间又恢复了生机。沙柳根系非常发达，最远能够延伸到100多米，一株沙柳就可将周围流动的沙漠牢牢固定住。

沙柳具有“平茬复壮”的生物习性。人们用刀齐根砍下这些沙柳，再切成七八十厘米就成新苗了。同时，砍过的沙柳第二年春天也可发芽生长。3年成材，越砍越旺，这是沙柳的本性。但是，如果不去砍掉长成的枝干，到不了7年，它们就会成为枯枝。

第三节　沙柳的主要栽培技术

一、插条

此法简便易行，成本低，见效快，生产上应用最广。当早春土壤解冻，芽苞未放前，或者秋季落叶后，选取2～3年生、直径0.6厘米以上的枝条，截成长60厘米的插条，随截随插。只要注意插条质量，保持切口平滑不裂伤，掌握“深插、少露、实埋”的原则，成活很容易。一般多采用穴植和密植。

1. 穴植

由背风坡至前一个沙丘迎风坡下部，在垂直于主风的栽培行上，按1米×1.5米开穴，穴长宽各30厘米，每穴放插条4～6根，分开直插于穴的四角，外露2～3厘米，踏实即可。此法插植的沙柳，当年新生枝平均高40～50厘米，根幅30厘米。第二年平茬后很快形成灌丛，开始起到固沙作用。

2. 密植

在沙坡迎风坡下部，由上而下，按沟距2米，等高挖沟，沟宽30厘米，深60厘米，将插条靠一侧按5厘米株距直插，外露2～3厘米，踏实。此法栽培的沙柳，1年生植丛平均高50～55厘米，新生根数约30条。

3.“水冲植柳”的栽植方法

“水冲植柳”的方法适于风沙土或流动风沙土的栽植技术，用柴油机的动力通过离心水泵抽水，可在水泵出水口处安装分流装置将出水分成3股，每股水流通过软塑管与长度为1.5米、直径为2～3厘米的空心钢管连接，以空心钢管作为水枪冲击沙丘形成栽植孔，然后将沙柳条插入栽植孔，并用水枪将插条周边土冲入空隙，填满封实，一次性完成沙柳造林和灌水的工序，成活率可达90%。

二、埋条断根法

在春天选取造林地，于3～4年生沙柳四周挖50厘米、宽30厘米的坑4个，将沙柳枝条2～4根合成1束，每坑压入1束，枝梢露出坑外，覆土踏实，待第二年新根长出以后，用刀将枝条与母树连接处砍断，即由1穴繁殖成5穴，一般成活率在95%以上。

三、植苗

当晚秋早春时或夏季连阴雨天，在湿润丘间低地挖1～2年生野生苗，注意深掘，保持根系完整，如有损伤，适当修剪。然后将其移栽，株行距1米×1.5米，行与主风向垂直。当年生枝平均高25厘米，生长良好。

四、中期管理

1. 平茬更新

一般造林后2～3年，即开始平茬。在立冬和来年土壤解冻前进行，以后每隔3～5年再行平茬。为了避免风蚀起沙，应隔行轮换平茬，有利于萌发大量的枝条，促进生长和天然更新，提高防沙效果，又能获取燃料和饲料，增加经济收入。

2. 除草培沙

对低湿而杂草繁生的沙柳林，应进行适当除草。当风蚀严重时，须压草、培沙。

参考文献

苍久和.沙柳的人工栽培丰产技术[J].中国林副特产，2004(2)：34.